AF453366

LES
MACHINES AGRICOLES

Coulommiers. — Imp. P. Brodard et Gallois

LES
MACHINES AGRICOLES

2ᵉ SÉRIE

PRÉPARATION DES RÉCOLTES

PAR

M. RINGELMANN

Professeur de génie rural à l'École nationale de Grignon
Directeur de la station d'essais de machines agricoles

Ouvrage contenant 94 figures

PARIS
LIBRAIRIE HACHETTE ET Cⁱᵉ
79, BOULEVARD SAINT-GERMAIN, 79

1888

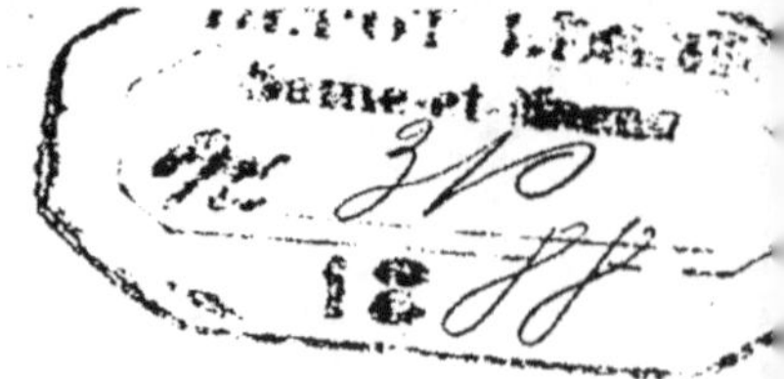

LES
MACHINES AGRICOLES

CHAPITRE PREMIER

MANÈGES

Les manèges sont destinés à transformer les efforts rectilignes des moteurs animés en force circulaire continue directement applicable à la mise en marche des machines.

Les manèges (ou tout au moins le principe de leur fonctionnement) paraissent avoir été connus des anciens. De nos jours, ces machines sont parfaitement bien établies; elles rendent de très grands services dans les fermes de petite et de moyenne importance, où elles remplacent la machine à vapeur. Même dans les grandes exploitations, le manège permet d'employer avantageusement les bêtes de trait retenues à la ferme soit par le mauvais temps, soit par le manque de travaux de culture, pour mettre en mouvement de petites machines dont le fonctionnement, par trop intermittent et de trop courte durée, rendrait très coûteux l'emploi de la locomobile.

L'utilisation de la force des moteurs animés s'opère par deux procédés : l'un essentiellement composé de la traction que l'animal est capable de fournir (*manèges circulaires ou manèges proprement dits*); l'autre n'est que l'utilisation du poids du moteur (*manèges à tablier ou à plan incliné*).

I. Manèges circulaires.

Dans les manèges proprement dits, l'animal parcourt une *piste* circulaire en entraînant une *flèche* qui tourne autour d'un axe vertical (fig. 1). La flèche est solidaire avec une grande roue dentée qui commande l'arbre de couche par une série de roues intermédiaires destinées à augmenter la vitesse. Tout l'ensemble est fixé sur un *bâti* en bois ou en métal.

Lorsque l'arbre de couche est au niveau du sol, le manège est dit *à terre* (fig. 1). D'autres fois, dans les manèges *en l'air*, la commande a lieu par arbre (fig. 2) ou par courroie (fig. 3). L'arbre ou la courroie doivent passer à deux mètres au-dessus de la piste, afin de ne pas gêner les animaux ou s'accrocher dans les harnais. La poulie de commande peut tourner dans le plan vertical (dans ce cas l'arbre vertical actionne la poulie par un engrenage d'angle). — La poulie peut être montée directement à l'extrémité de l'arbre vertical et tourner dans le plan horizontal, comme dans le manège Fortin (fig. 3); elle porte une joue inférieure destinée à retenir la courroie : cette disposition supprime l'engrenage d'angle, mais exige que la poulie commandée par la courroie soit placée à une hauteur déterminée au-dessus du sol; sans cela la courroie tombe. Les manèges à

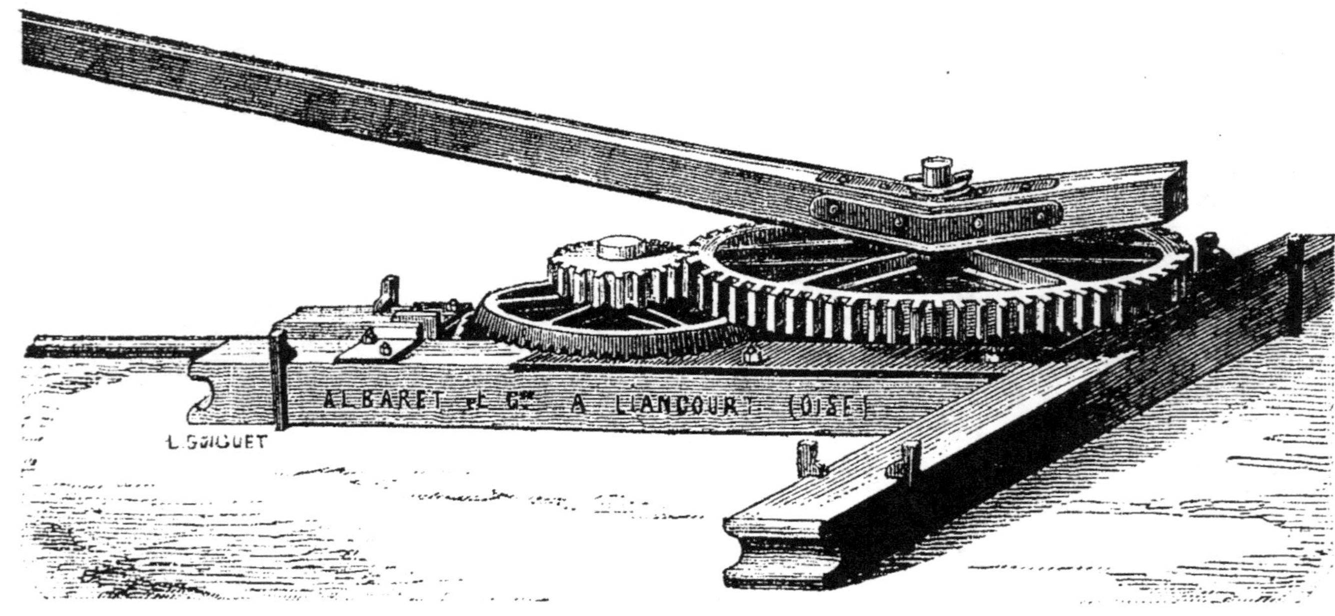

Fig. 1. — Manège semi-fixe à terre, à un cheval, d'Albaret.

terre ou en l'air peuvent être *fixes, mi-fixes,* ou *loco-mobiles* (fig. 3).

Lorsque le manège est fixe, le bâti est scellé dans un massif de maçonnerie qui lui permet de résister à un travail pénible. Les manèges fixes ne sont pas à conseiller, d'une façon générale, dans les exploitations agricoles. Les manèges mi-fixes ou semi-fixes sont montés sur une charpente horizontale qui a la forme d'une croix (fig. 5) ou d'un T (fig. 1). On place ces manèges sur le sol, où on les y encastre, puis on les maintient par des crampons ou des piquets en fer (ainsi que le représente la fig. 1), que l'on enfonce à coups de masse. Ces manèges sont très commodes, et, une fois bien calés, ils jouent le rôle des manèges fixes, tout en supprimant l'inconvénient des maçonneries.

Pour transporter ou déplacer les manèges mi-fixes, il faut les démonter ou les charger en grand dans une charrette. Lorsque ces déplacements doivent être fréquents, ce qui n'arrive que pour les entrepreneurs, on a avantage à monter le bâti sur un chariot à 4 roues, et le manège devient locomobile. Certains manèges sont montés sur 2 roues et sont maintenus en équilibre par 4 jambes de force serrées avec des vis de pression (fig. 3).

La piste que parcourt le moteur doit être la plus grande possible, afin de ne pas gêner la marche de l'animal, sans toutefois être exagérée, ce qui augmenterait le nombre des roues de multiplication de vitesse et par conséquent le poids et les frais d'installation. Dans les anciens manèges, la piste avait jusqu'à 7 mètres de rayon, mais la première roue dentée n'était qu'une grande couronne en bois ou en fer dans laquelle étaient implantées des chevilles ou des dents en bois. — Les engrenages de ces vieilles

Fig. 2. — Manège fixe en l'air, à trois chevaux, de Texier.

machines, dont il reste encore quelques exemples, étaient du système dit *à lanternes*; aujourd'hui tous les engrenages sont en fonte.

Le rayon de la piste ne doit pas descendre au-dessous de 2 m. 30 à 2 m. 50; on lui donne ordinairement 3 à 4 mètres.

Les flèches sont en bois en une seule pièce; il est préférable de les faire en *trousse*, en deux pièces écartées à leur encastrement et rapprochées au crochet d'attelage. Les flèches sont maintenues avec une clavette ou des boulons dans des boitards en fonte (fig. 3 et 4). ou fixées par des étriers en fer. Dans certains manèges, les flèches sont en fer forgé.

Les animaux s'attachent à la flèche de différentes façons :

Lorsque l'extrémité de la flèche arrive à $0^m,80$ ou 1 m. du sol (fig. 1, 3, 4, 5), on y fixe un palonnier s'il s'agit d'un cheval, ou la chaîne du joug si l'on emploie des bœufs. Lorsque la flèche est en l'air, comme dans la figure 2, on emploie une *attelle* formée de 2 pièces verticales en bois auxquelles on fixe les traits du collier; l'attelle en fer est formée d'une bande recourbée en demi-cercle. Dans le manège Gautreau, le cheval pousse la flèche devant lui dans une attelle horizontale; les traits passent sur 2 poulies à gorge et s'attachent à un palonnier fixé sur la flèche en avant du cheval. Pour forcer les animaux à bien parcourir la piste, on leur met un *bois de bouche*, attaché d'une part à la flèche et de l'autre au mors ou au joug.

Les coups de collier et les efforts de démarrage se reportent surtout sur la première roue dentée. dont les dents reçoivent les chocs; il faut donc que celle-ci soit la plus grande possible. Le rayon de la première roue ne doit pas être inférieur au 1/5 ou au 1/6

de celui de la piste. Dans certains manèges bien con-
ditionnés, la première roue est en morceaux boulonnés ensemble; lorsqu'une dent casse, il suffit de
remplacer le segment correspondant; ce système
diminue les frais de réparation.

Fig. 3. — Manège locomobile de Fortin.

Pour éviter les bris résultant de ces à-coups, on
fait les flèches en bois flexible et nerveux, dont la
section diminue depuis l'encastrement jusqu'au crochet de tirage. On peut employer des palonniers
avec des ressorts de compression ou faits avec des
lames de ressort, ou monter des ressorts aux joints
de l'arbre de transmission.

Dans le grand manège locomobile à 4 chevaux d'Albaret, les flèches ne sont pas solidaires avec le système d'engrenages. Elles sont montées à friction sur la joue d'une grande poulie fixée à la roue horizontale et formant frein, dont on règle la pression au moyen d'un levier. Avec ce système, les à-coups ne sont plus à craindre et la mise en marche se fait sans secousse. Pour intercepter toute transmission de mouvement sans arrêter les animaux, il suffit de desserrer le frein.

Lorsque le manège et la machine qu'il commande sont lancés, si l'on vient à arrêter les animaux, la flèche, entraînée, les frappe dans les jarrets et peut occasionner des accidents. Pour éviter cela, on intercale un encliquetage à rochet sur l'arbre ou sur la dernière poulie. L'encliquetage empêche encore le mouvement arrière que le recul accidentel des animaux pourrait occasionner.

Le manège des fils B. Millot (fig. 5) est très ramassé; la couronne dentée engrène avec deux pignons diamétralement opposés; chacun de ces derniers, par une roue d'angle, met en mouvement le pignon de l'arbre de couche. Pour un tour de piste, l'arbre qui est à terre fait seize tours.

Pour éviter les encrassements et les accidents, les manèges sont souvent enfermés dans une boîte en tôle (David, Richemond et Chandlers), ou la grande roue porte un chapeau ou cloche venu de fonte, comme dans la figure 4, disposition qui se rencontre dans le manège de Huift et Tawel, de la « Maldon Iron Works Company », de Gautreau, etc.

Les bâtis sont de différentes formes. Dans le manège demi-fixe d'Albaret (fig. 1), c'est une plaque de forte tôle. Le mécanisme est monté sur socle de fonte (fig. 5): d'autres fois c'est un archet ou forte

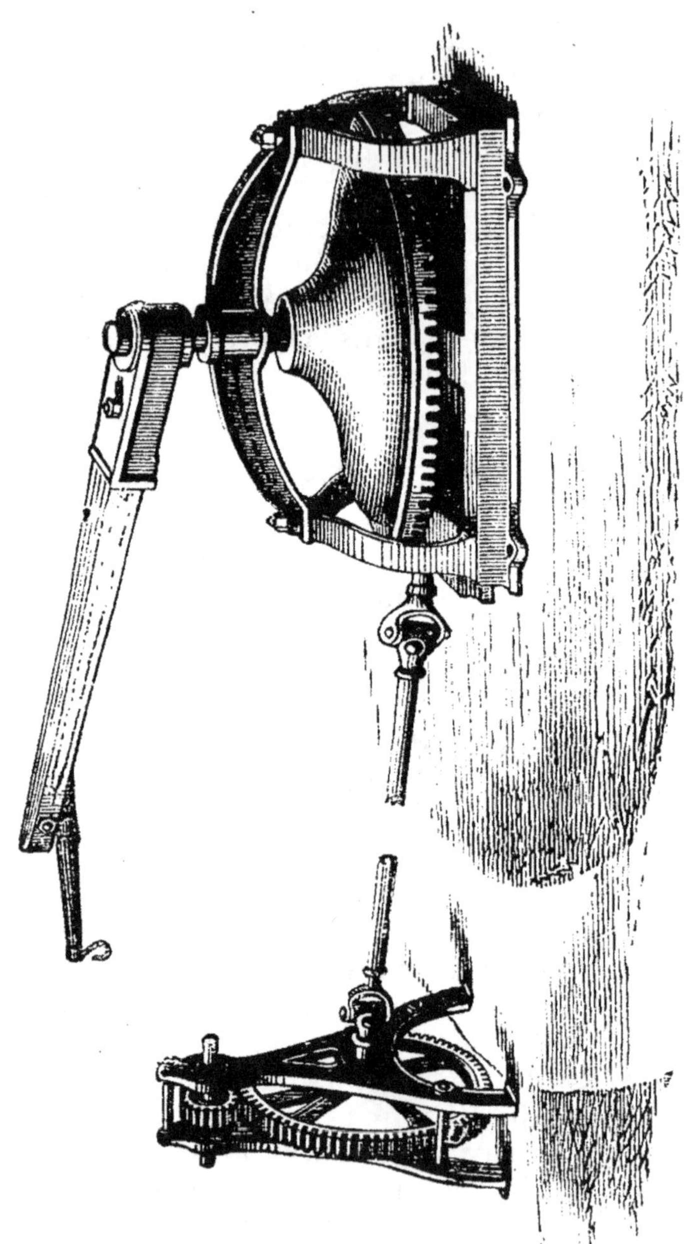

Fig. 4. — Manège à cloche, avec intermédiaire de Pécard.

arcature en fonte soutenant l'axe vertical (fig. 4).
Dans certains modèles anglais, le mécanisme est
compris entre deux plaques de fonte ou de tôle
(manège à platines).

L'arbre de couche est à joint à la cardan, qui
assure la communication du mouvement de rotation,
quel que soit l'angle formé par les deux parties de
l'arbre, à la condition que celles-ci fassent un angle
obtus. La figure 6 représente le principe du joint
universel à la cardan; l'arbre X est terminé par la
fourchette AC dans les branches de laquelle passent
les extrémités d'un bras du croisillon O. L'autre
bras est relié en B et en D avec une fourchette faisant corps avec l'arbre Y. L'arbre X transmet le
mouvement à l'arbre Y par l'intermédiaire du croisillon O. La figure 4 représente un manège avec
joints à la cardan. — Dans les manèges semi-fixes
d'Albaret, le joint est composé de deux manchons
terminés par un anneau forgé (fig. 7). Dans les manèges de Farquhar (États Unis), le joint est à double
sphère.

Dans le manège Waite-Burnell-Millot, la grande
couronne engrène immédiatement l'arbre en entraînant une vis sans fin.

Dans le manège en l'air de Japy et Cie, le mécanisme est monté sur un bâti de fonte que l'on boulonne au poutrage d'une grange ou d'un hangar.

Pour utiliser le mouvement de l'arbre des manèges
à terre, on intercale un mécanisme appelé *intermédiaire*.

Celui représenté figure 4 augmente la vitesse de
l'arbre et transmet le mouvement par courroie et à
angle droit par rapport à l'arbre de couche du manège. L'intermédiaire figure 8 transmet le mouvement par courroie suivant le prolongement de l'arbre

Fig. 5. — Manège à terre de Millot.

du manège, tout en multipliant sa vitesse. Le mécanisme intermédiaire de H. Lanz (fig. 9) transmet le mouvement à volonté par poulie et courroie ou

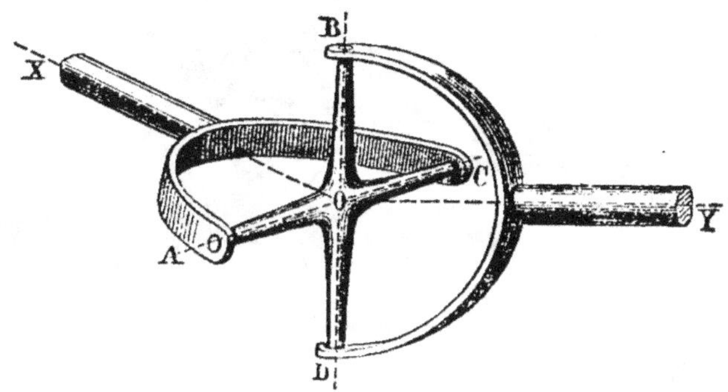

Fig. 6. — Joint universel.

arbre articulé dans toutes les directions par rapport à l'arbre du manège : l'arbre moteur inférieur

Fig. 7. — Joint Albaret.

actionne un arbre vertical intérieur terminé en haut par une roue conique qui entraîne, par un pignon, un arbre horizontal supérieur monté sur une *plaque tournante*; la plaque peut être fixée dans n'importe quelle direction. Cette disposition permet de grouper un certain nombre de machines autour de l'intermédiaire et de les faire marcher alternati-

Fig. 8. — Intermédiaire Lanz.

Fig. 9. — Intermédiaire universel à plaque tournante, de Lanz.

vement sans les changer de place, et avec la même courroie.

Les manèges s'établissent de forces différentes : depuis un âne, pour faire fonctionner une baratte ou un petit hache-paille, jusqu'à quatre chevaux. Certains manèges américains, pour grandes batteuses, sont à six et douze chevaux (Russell and C°, Wheeler Melick and C°, Aultman, etc.).

TRAVAIL DES MANÈGES.

Le rendement mécanique des bons manèges oscille entre 70 et 80 p. 100. Les pertes de travail sont dues aux frottements des axes et des dents d'engrenages. Les chevaux attelés aux manèges produisent, en général, moins de travail qu'en tirant sur une route; le tableau suivant donne les vitesses et les efforts que les animaux de force moyenne peuvent développer aux manèges, en travaillant huit heures par jour.

MOTEURS	VITESSE PAR SECONDE	EFFORT MOYEN	TRAVAIL PAR SECONDE
	Mètre.	Kilog.	Kilogrammètres.
Un cheval.........	0,90	45	40,5
Un bœuf..........	0,60	60	36,0
Un mulet.........	0,90	30	27,0
Un âne...........	0,80	14	11,2

II. Manèges à plan incliné.

Dans ces machines, encore désignées sous les noms de *trépigneuses*, *tripoteuses*, l'animal marche, sur place, sur un plan incliné formé par une sorte de chaîne sans fin.

Ces manèges se répandent aujourd'hui en grand nombre, malgré les difficultés qu'ils rencontrèrent à leurs débuts.

Sans remonter à l'historique complet [1], nous dirons que, peut-être à tort, on attribue l'invention de ces machines aux Américains ; elles étaient beaucoup employées en Autriche aux xvii et xviii siècles pour actionner de petits moulins, des pompes, etc. En Allemagne, il y a une trentaine d'années, beaucoup de constructeurs s'occupèrent du manège à plan incliné ; on remarquait à l'Exposition universelle de Paris en 1855 la machine de Paige de Montréal (Canada).

Le plan incliné est composé de plateaux en bois réunis par des charnières : les articulations sont formées par des maillons en fonte ou en acier et portent de chaque côté deux galets en fonte roulant dans deux fers cornières formant rails. Ces fers, solidement reliés au bâti, sont inclinés de 12 à 14° environ sur l'horizon. Dans le manège de Gautreau, les galets mobiles sont remplacés par des galets fixes montés sur arbres et paliers. Lorsque le manège est en marche, le tablier se déroule sous les pas du cheval et entraîne le tambour d'avant. Le tambour est calé sur l'arbre moteur, qui porte

1. *Journal d'agriculture pratique*, nᵒˢ 39, 41, 42. 43, de 1885.

les poulies ou engrenages de commande. Du diamètre du tambour et de la vitesse de l'animal dépend le nombre de tours de l'arbre moteur.

De chaque côté du tablier court une balustrade remplissant le rôle de limonières.

Pour faire pénétrer le cheval dans le manège, une sorte de pont à charnières s'abaisse jusqu'au sol en formant le prolongement du tablier. Aussitôt l'animal placé, ce pont est relevé verticalement et maintenu par des crochets ou des chaînes. La figure 10 représente l'excellent manège de Fortin frères, avec le pont relevé.

Pour obtenir l'arrêt du manège, on serre un frein qui presse un sabot en bois contre une des poulies de commande. Ce frein est placé à portée du mécanicien et est manœuvré à l'aide d'une vis ou d'un levier.

Pour éviter que le tablier vienne à entraîner l'animal et le faire tomber, par suite d'une diminution de résistance ou de la chute de la courroie, il faut absolument que ces manèges portent des appareils régulateurs. Tous les manèges américains en sont munis.

Une très bonne disposition est employée par MM. Fortin frères (fig. 10). L'arbre moteur entraîne un régulateur à force centrifuge, identique à ceux que l'on monte sur les machines à vapeur. Lorsque la vitesse augmente, les boules du pendule s'écartent et, agissant sur un levier, appuient un frein en bois contre le volant.

Les manèges à tablier sont ordinairement montés sur deux roues. Quelques-uns le sont sur quatre, mais on enlève les deux petites d'avant pendant le travail. Lorsque le manège est fixe, l'avant porte sur un tréteau en charpente ou sur un massif de maçonnerie.

Les manèges à tablier demandent un emplacement
excessivement restreint et beaucoup plus petit que

Fig. 10. — Manège à plan incliné à un cheval de Fortin.

les manèges à piste ; il leur faut une longueur de
3 à 3 m. 50 sur une largeur de 1 m. 50 à 2 m. 50.
   Les manèges à plan incliné sont souvent accouplés directement à certaines machines, notamment
les batteuses et les pompes d'épuisement.

TRAVAIL DES MANÈGES A PLAN INCLINÉ.

Nous avons adressé à la Société nationale d'agriculture un rapport[1] sur les essais au frein de Prony, des manèges à 1 et 2 chevaux de **MM.** Fortin frères (avril 1886). Ces essais sont les premiers qui aient été faits sur les manèges à plan incliné. Voici un extrait des vingt-trois expériences :

DÉSIGNATION DU MANÈGE	POIDS DES CHEVAUX ESSAYÉS	PENTE MÉTRIQUE DU TABLIER	NOMBRE DE TOURS DE L'ARBRE DE COUCHE PAR MINUTE	VITESSE DU CHEVAL SUR LE TABLIER	TRAVAIL MÉCANIQUE DISPONIBLE ET UTILISABLE PAR SECONDE
	Kilog.	Mètre.	Tours.	Mètre.	Kilogramm.
A un cheval....	625	0,264	218,2	0,894	103,099
	540	0,169	199,6	0,818	53,892
A deux chevaux.	1175	0,243	207,9	0,852	149,688
	1090	0,184	175,8	0,646	90,976
A deux chevaux (avec un bœuf non dressé)...	Poids du bœuf. 790	0,228	120,0	0,492	54,000

D'après ces essais, le rendement mécanique des manèges à plan incliné oscille vers 70 p. 100; c'est celui des manèges ordinaires. On doit pouvoir arriver facilement à 80 p. 100.

Malgré les excellents résultats des manèges à plan

1. Séance du 26 mai 1886.

incliné, dans lesquels l'animal donne plus de travail mécanique qu'avec un manège circulaire, il est certain qu'ils ne remplaceront pas la machine à vapeur dans les grandes exploitations, mais nous croyons pouvoir affirmer qu'ils le feront avec avantage pour la moyenne et la petite culture, dont le matériel n'est pas, malheureusement, très perfectionné. C'est un moteur très convenable pour les petits entrepreneurs de battage.

CHAPITRE II

LOCOMOBILES

La machine à vapeur, a-t-on dit avec raison, est une des créations du génie de l'homme qui a exercé l'influence la plus considérable sur le développement de l'industrie ; aussi a-t-on recherché, dans les documents les plus anciens, les indices qui ont conduit à cette admirable découverte. Sans entrer dans les détails historiques, nous dirons que l'invention de l'organe fondamental, du *piston*, revient à un de nos compatriotes, Denis Papin (1647-1714). Les premières machines de Savery (1698), de Newcomen (1705), James Watt (1763), portèrent le nom de *pompes à feu* : elles étaient spécialement destinées à l'épuisement des mines. Mais Watt, vers 1782, comprit, comme Papin en 1690, que la machine à vapeur devait être un moteur universel, et, pour cela, qu'il fallait la disposer de façon à obtenir un mouvement circulaire capable d'être transmis aux machines-outils ; de plus, la force motrice devait être égale et continue. C'est ce qui conduisit Watt à établir la machine à vapeur à double effet et le régulateur à force centrifuge.

Pendant longtemps on n'utilisa que des *machines*

fixes, c'est-à-dire établies à demeure. Mais on comprit que la vapeur rendrait plus de services si la force motrice pouvait se déplacer, et l'on arriva aux *machines locomobiles*. Ces machines sont montées sur un train à deux ou quatre roues, auquel on attelle des animaux pour les conduire à l'endroit où l'on doit les utiliser. Les locomobiles paraissent avoir été inventées aux États-Unis vers 1825; vers 1849 elles n'existaient pour ainsi dire pas en Angleterre; on en remarquait quelques-unes à l'exposition de Londres en 1851. Ce n'est qu'après 1852, mais surtout 1855, qu'elles se répandirent en France, où les locomobiles agricoles se comptent aujourd'hui par milliers.

Les locomobiles conduisirent aux *machines mi-fixes*, qui sont en définitive de véritables locomobiles dont on a supprimé les roues porteuses; ces machines se fixent sur un petit massif en maçonnerie ou sur un socle en fonte.

Les machines à vapeur fixes peuvent à la rigueur convenir aux très grandes exploitations ayant une industrie annexe, et dans ce cas elles sont plus industrielles qu'agricoles; elles exigent des maçonneries, des fourneaux et des cheminées en briques. Nous ne nous en occuperons pas ici, leurs applications en France étant relativement restreintes, jusqu'à ce que l'on ait trouvé d'une façon pratique le transport de la force motrice, qui se fera dans un avenir très prochain, au moyen de l'électricité. Ce problème, si intéressant à plus d'un titre, est poursuivi par un ingénieur français très distingué, M. Marcel Deprez.

Enfin, si la locomobile actionne ses roues porteuses, elle avance et peut servir aux transports : elle devient *locomotive*; celle-ci peut rouler sur deux rails, comme dans les chemins de fer, ou passer sur les chemins et dans ce cas rendre de grands services à l'agriculture : on l'appelle alors *locomotive routière*.

Les locomobiles se composent de 3 parties :

1° Une *chaudière* et ses accessoires, servant à produire la vapeur, que l'on utilise dans :

2° Une *machine* proprement dite, qui transforme la force élastique de la vapeur en une force animée d'un mouvement circulaire continu, directement applicable aux machines-outils; le tout est réuni et monté sur :

3° Un *chariot* ou train à 2 ou 4 roues muni de flèches, ou brancards.

I. Chaudières.

Dans les locomobiles agricoles, la chaudière porte toujours le *foyer* à l'intérieur du *corps* cylindrique; la flamme traverse le corps de la chaudière dans de petits tubes dits *tubes à fumée* : la chaudière est *tubulaire*.

Le corps de la chaudière est le plus souvent *horizontal*; dans quelques modèles, il est *vertical*. On emploie souvent la *chaudière en* T, formée d'un corps vertical contenant le foyer et d'un corps horizontal contenant les tubes à fumée et supportant le mécanisme de la machine (fig. 11).

A une extrémité de la chaudière on a donc le foyer, dans lequel brûle le combustible; la flamme traverse les tubes à fumée et s'échappe à l'autre extrémité, dans la *boîte à fumée*, surmontée d'une *cheminée* : la chaudière est *à flamme directe*.

Dans les *chaudières à retour de flamme*, la flamme revient vers le foyer en traversant d'autres tubes; la

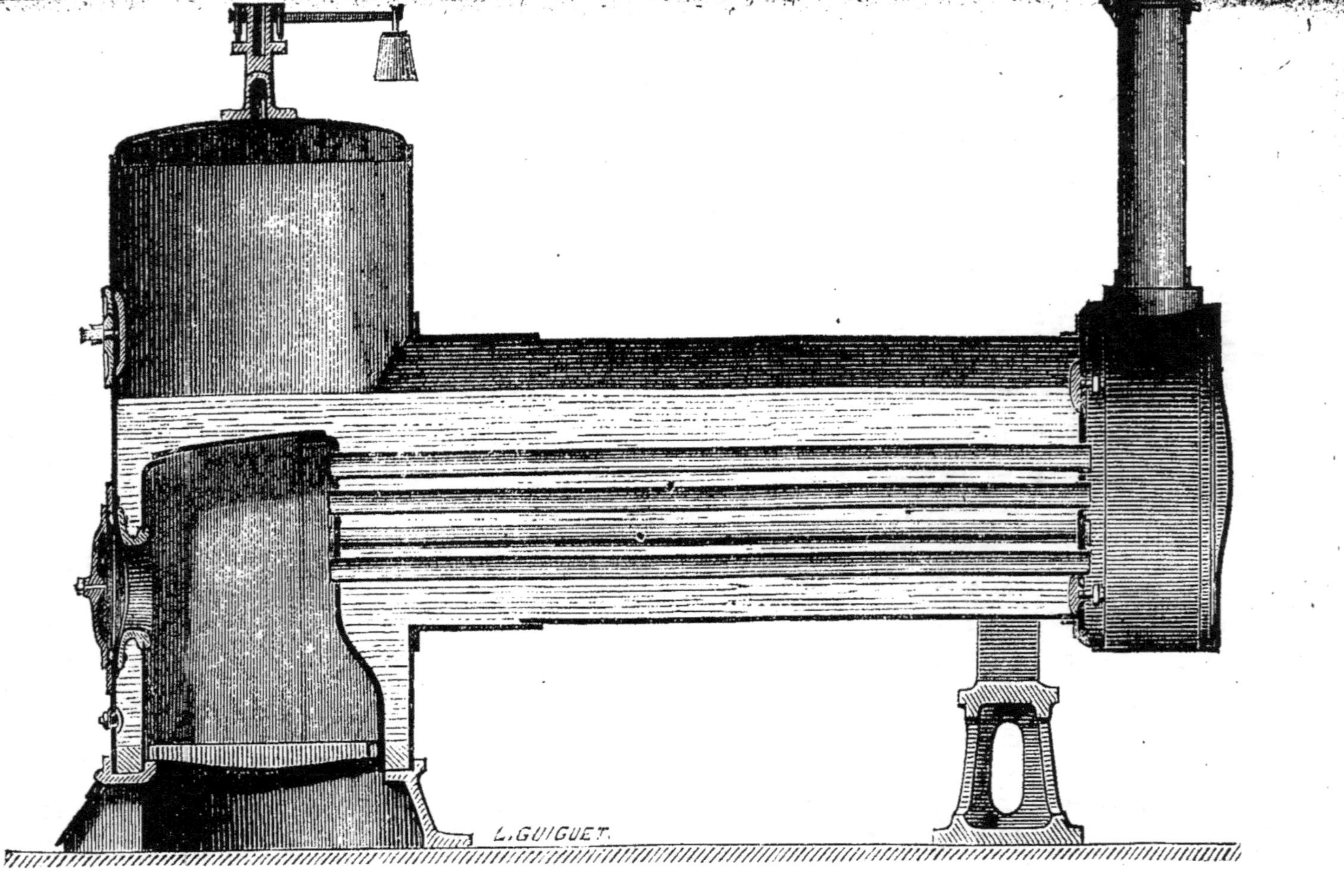

Fig. 11. — Coupe verticale d'une chaudière tubulaire à flamme directe.

boîte à fumée est latérale au foyer, au-dessus duquel se trouve alors la cheminée. Ces machines ont, en général, un foyer démontable : elles sont alors dites *à foyer amovible*.

Outre les appareils de *chauffage* (foyer, tubes, cheminée, etc.), la chaudière est munie d'un certain nombre d'*accessoires* comprenant : des appareils d'indication de l'eau et de la vapeur, des appareils de sûreté pour prévenir les accidents, la prise de vapeur, enfin des appareils d'alimentation de l'eau.

Appareils de chauffage. Ils comprennent le foyer, dans lequel on jette le combustible par une *porte* ou *gueulard*. Le foyer a la forme d'un parallélépipède rectangle (foyer carré des locomobiles anglaises) ou d'un cylindre droit (machines françaises), dont la base est formée par une *grille* en barreaux de fer forgé ou de fonte amincis par-dessous et dont la forme est celle d'un solide d'égale résistance : ils sont renflés en leur milieu et s'appuient par leurs extrémités sur un cercle en fer intérieur au foyer.

En dessous de la grille se trouve le *cendrier*, sorte de boîte étanche en tôle, dans laquelle on maintient une couche d'eau, afin d'éteindre les cendres et d'éviter les incendies.

Du haut du foyer et du côté opposé au gueulard partent les *tubes*, ordinairement en laiton; ils ont 0^m,05 à 0^m,06 de diamètre. Pour les fixer, on les fait entrer dans leurs trous à frottement doux et on les force en les mattant avec un mandrin à galets coniques ou en les maintenant avec une bague en acier que l'on ne chasse pas de trop, afin de la resserrer au besoin. Dans la chaudière Hidien, les tubes sont vissés à une extrémité dans le foyer en cuivre, et à l'autre sont maintenus par une bague dans la plaque de devant de la chaudière.

L'extrémité des tubes débouche dans une *boîte à fumée* en tôle, fermée par une porte; c'est par là que l'on ramone les tubes au moyen d'une tige garnie d'une brosse métallique ou de chiffons. La boîte à fumée est surmontée de la *cheminée*, qui est en tôle et à charnières, afin de se rabattre pendant le transport de la machine. La cheminée est garnie, à la partie supérieure, d'un capuchon spécial entouré ou non d'un grillage en fils de fer; ce capuchon retient les flammèches et évite les incendies.

Dans les machines à retour de flamme et à foyer amovible, le foyer, le cendrier, les tubes et la boîte à fumée sont tous réunis à un disque circulaire qui se rapproche d'une des bases du cylindre formant la chaudière; le joint est fait au moyen de boulons. Pour le nettoyage intérieur, il suffit de défaire ce joint et de tirer sur des rouleaux l'ensemble des appareils de chauffage. Ces excellentes chaudières, du type Weyher et Richemond, sont malheureusement trop peu répandues en agriculture.

Le *chauffage* des chaudières agricoles s'exécute toujours à la main; le combustible, qui est ordinairement la houille, est étendu sur la grille avec une pelle en une couche uniforme de $0^m,12$ à $0^m,15$ d'épaisseur. La couche est remuée de temps en temps par le chauffeur, avec une tige de fer appelée *rouable* ou *ringard*. Les matières vitrifiables contenues dans le combustible se transforment en *mâchefer*, qui se colle à la grille et intercepte l'arrivée de l'air : on *décrasse* toutes les 3 ou 4 heures, au moyen d'un *crochet* que l'on passe sous la grille par le cendrier, ou avec une *lance* ou *pique-feu* par la porte du foyer.

Les combustibles que l'on emploie en agriculture sont ou minéraux : houille, coke; ou végétaux : bois, paille, ajoncs, genêts, etc. Les combustibles liquides, comme les pétroles, ne sont pas encore appliqués en France. On conçoit que les dimensions et les formes du foyer doivent varier avec la nature des combustibles employés.

Lorsque l'on doit brûler des débris végétaux : pailles, tiges de coton, de maïs, roseaux, bagasses, etc., ce qui est important dans le Midi et dans nos colonies, où le charbon arrive au prix de 70 et 80 fr. la tonne, ces combustibles sont étalés par le chauffeur sur une table, d'où ils passent entre deux cylindres cannelés formant l'appareil d'alimentation. Ces cylindres font pénétrer le combustible en nappe à l'intérieur du foyer. Au commencement du chauffage, les cylindres sont tournés à la main avec une manivelle, et, après la mise en marche, ils sont mis en mouvement par une courroie qui passe sur l'arbre de la machine (brevet Head et Schemioth). Il faut avoir soin de maintenir une couche de $0^m,05$ d'eau sous le foyer, afin d'éteindre rapidement les flammèches et de prévenir l'échauffement exagéré des barreaux de la grille.

La quantité de combustible nécessaire pour vaporiser une quantité d'eau donnée dépend de son pouvoir calorifique. Dans tout combustible il y a deux sortes de substances en proportions différentes : les substances utilisables, composées exclusivement de carbone et d'hydrogène, et les substances inertes (cendres), plus ou moins fusibles et toujours nuisibles. La combustion, qui résulte de la combinaison du carbone et de l'hydrogène avec l'oxygène de l'air, est toujours accompagnée d'un dégagement de chaleur utilisable. Sans entrer plus avant dans la théorie chimique de la combustion, on peut admettre qu'avec une bonne chaudière il faut pour vaporiser 7 à 8 litres d'eau :

1 kilog. de bon charbon ;
2 kilog. de tourbe ;
2 kilog. 30 de bois ;
3 kilog. de broussailles ;
3 kilog. 75 de paille de blé ou d'orge.

Pour la houille, les barreaux de la grille sont écartés de $0^m,015$ à $0^m,020$; un mètre carré de grille peut brûler 75 kilog. de houille à l'heure.

On appelle *surface de chauffe* celle que présente la chaudière pour absorber le calorique dégagé par le combustible. La surface de chauffe est *directe* lorsqu'elle est léchée par la flamme, et *indirecte* si elle n'est parcourue que par la fumée et les gaz chauds. On estime que la surface de chauffe directe vaut environ quatre fois celle indirecte.

On adopte généralement $1^m,40$ de surface de chauffe par force de cheval-vapeur, et comme une chaudière est de la force d'un cheval lorsqu'elle peut vaporiser 20 kilog. d'eau à l'heure, cela ramène la vaporisation à 15 kilog. d'eau par mètre carré de chauffe totale et par heure en moyenne. Près du foyer, un mètre carré de chauffe directe peut vaporiser près de 200 kilog. d'eau à l'heure ; la même surface vaporise 4 à 6 kilog. à l'extrémité de la chaudière. Donc la *puissance de vaporisation* d'une chaudière ne dépend pas uniquement de ses *surfaces de chauffe*, mais de leur *situation par rapport au foyer*.

On a intérêt à augmenter la surface de chauffe de la chaudière. Les chaudières verticales sont bonnes lorsqu'on veut économiser l'espace, mais nécessitent plus de combustible, car la flamme est moins arrêtée ou retournée.

Les produits de la combustion qui sont à une certaine température s'échappent par la cheminée sans produire d'effet utile. La section de la cheminée doit être le cinquième de la surface de la grille. Le tirage dépend de la hauteur du couronnement de la cheminée au-dessus du plan de la grille. Du tirage seul et de sa plus ou moins grande énergie dépend la quantité de combustible à brûler. Quelquefois un petit tuyau à robinet amène un jet de vapeur dans la cheminée et active le tirage : c'est le *souffleur*, qui est très utile pour monter rapidement en pression. Lorsqu'on veut diminuer la combustion par suite d'un arrêt momentané de la machine, on ferme plus ou moins le cendrier et la cheminée par une vanne en tôle appelée *registre*; ce registre est analogue aux clefs que l'on met aux tuyaux de poêle.

Les chaudières laissent souvent échapper de la *fumée*. La fumée noire est du carbone, qui n'est pas brûlé par suite du manque d'oxygène; on diminuera sa production en donnant suffisamment d'air par le cendrier. Les chaudières donnent toujours un peu de fumée au moment où l'on charge le combustible, ce qui doit avoir lieu toutes les 20 minutes environ. Après chaque chargement on a 5 minutes de fumées noires, 5 minutes de fumées bleues; le reste du temps il n'y a pas de dégagement coloré. La question des *fumivores* ou appareils à brûler ou à absorber la fumée n'est qu'urbaine; comme elle n'a aucune application agricole, nous ne nous en occuperons pas.

Accessoires du générateur. — Toutes les chaudières doivent être munies d'un appareil indiquant la hauteur de l'eau; le *niveau d'eau* est un tube en cristal à parois résistantes en communication, par des tubulures à robinets, à la partie supérieure avec la chambre à vapeur, et à la partie inférieure avec l'eau. Monté ainsi directement sur la chaudière, le niveau oscille constamment dans le tube en verre; il faut employer de préférence le *porte-tube* séparateur du système Damourette ou dérivé (fig. 12) : c'est un tube en fonte ou en bronze en communication directe avec l'eau et avec la vapeur de la chaudière ; le niveau d'eau ordinaire est relié à ce tube. Cette disposition évite tout encrassement et tout mouvement dans le niveau de cristal. Sur le porte-tube on vient en outre monter tous les autres appareils d'indication : *robinets de jauge* et *manomètre*.

Dans les tubes en cristal de Gilbert-Martin il y a en dedans du verre et en arrière une bande blanche et un filet rouge qui rendent le niveau de l'eau très visible.

Dans le système Heurley, monté sur les locomobiles Gautreau, le tube de verre est supprimé et remplacé par une glace en cristal

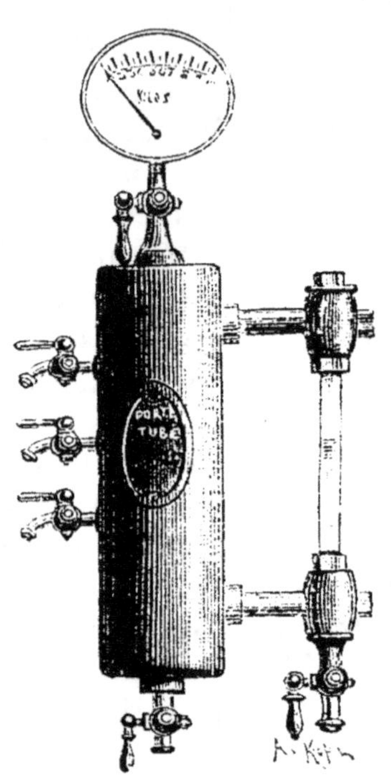

Fig. 12. — Porte-tube séparateur.

(fig. 13). On voit en A la coupe de la chaudière, sur laquelle est fixé l'appareil qui communique avec l'eau par le tube B et avec la vapeur par le robinet D. En C sont des plaques de bronze qui maintiennent la glace. En cas de rupture, le volant V fait monter le clapet I jusqu'en J, le robinet D est fermé, et le niveau est purgé par le robinet E. En H se trouve un bouchon à vis qui sert à remplir la chaudière.

Les *robinets de jauge* sont au nombre de 2 et sont placés de telle sorte que l'un doit toujours donner de l'eau et l'autre de la vapeur ; ils servent en cas d'accident du tube de cristal et comme vérification de ce dernier.

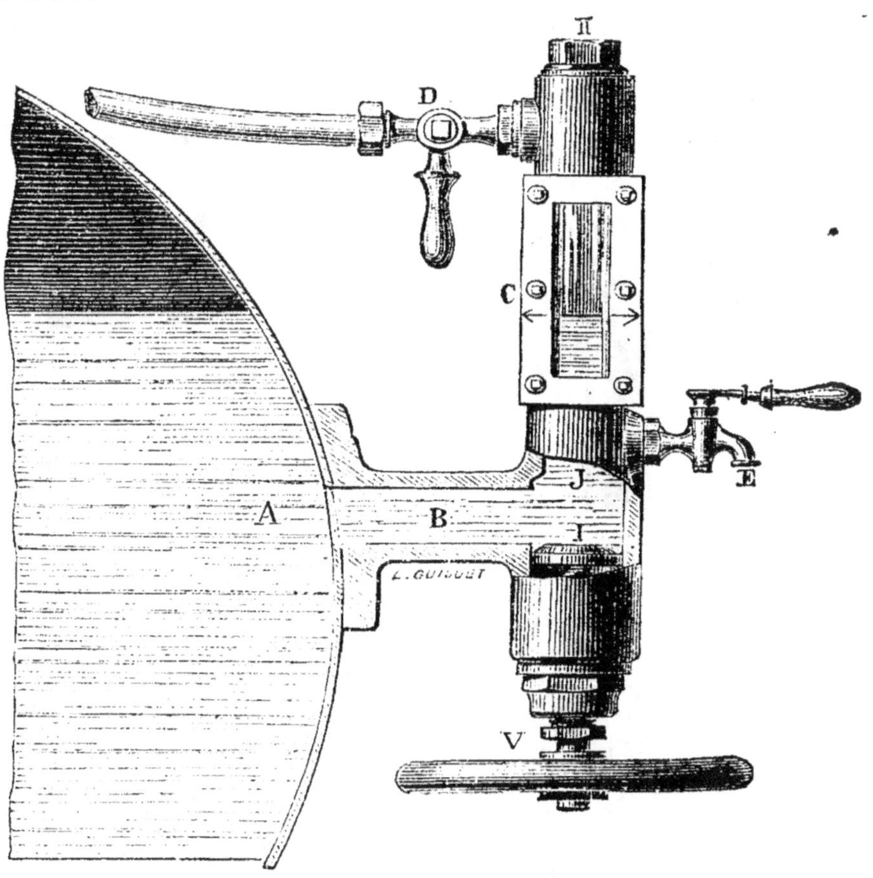

Fig. 13. — Niveau d'eau de Gautreau, système Heurley.

Le *manomètre* employé est du type dit métallique qui a été découvert par Bourdon ; il sert à indiquer la force élastique de la vapeur, c'est-à-dire la pression dans la chaudière ; une aiguille parcourt les divisions d'un arc gradué en atmosphères. Au-dessous de son robinet doit se trouver une *bride* sur laquelle on peut monter facilement un *manomètre-étalon*, afin de vérifier la graduation.

Le *sifflet* rend d'utiles services pour avertir les ouvriers de la mise en marche ou de l'arrêt de la machine.

Sur le dôme de la chaudière (fig. 11) se trouvent montées deux *soupapes de sûreté*, qui doivent donner

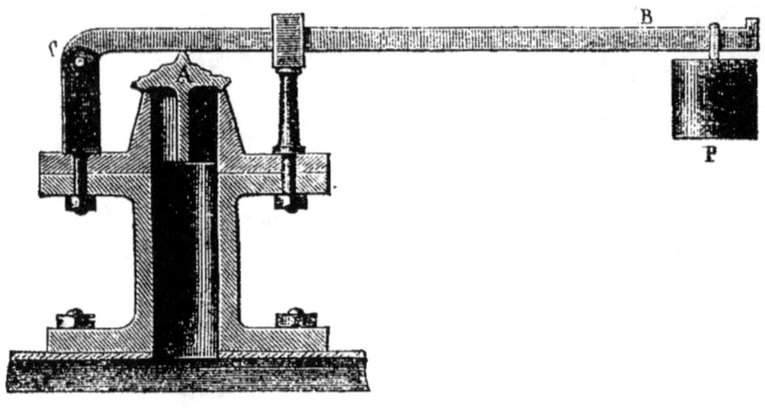

Fig. 14. — Élévation-coupe d'une soupape de sûreté.

issue à la vapeur lorsque sa pression dépasse celle fixée comme limite d'après les épaisseurs des parois de la chaudière. Les soupapes A (fig. 14) sont en bronze et sont maintenues par un levier B, du troisième genre, que l'on équilibre avec un poids P. Les poids peuvent se perdre ou se surcharger; aussi on peut employer à leur place des ressorts à boudins enfermés dans un tube en laiton; l'appareil prend alors le nom de *balance*. Les dimensions des soupapes étaient autrefois réglées par une formule administrative (ordonnance du 25 janvier 1865).

A la partie inférieure de la chaudière se trouve un gros *robinet de vidange*; il sert à vider le générateur.

Pour les réparations intérieures et les nettoyages, toutes les chaudières bien conditionnées ont un certain nombre d'ouvertures, dites *trous d'homme* ou *autoclaves*, qui sont fermées par un obturateur que l'on introduit dans la chaudière et que l'on maintient contre le joint de l'ouverture par une contre-plaque extérieure ou une entretoise; le tout est serré par un ou plusieurs écrous. On aperçoit (fig.11) un autoclave au-dessus du gueulard et deux autres dans la cheminée. Dans les locomobiles de Hidien, les robinets de jauge, de vidange et autres accessoires sont montés sur des autoclaves : c'est une excellente disposition.

La partie supérieure de la chaudière est occupée par la vapeur et forme le *réservoir* ou la *chambre à vapeur*. Quelquefois ce réservoir est une pièce rapportée; elle est cylindrique, terminée par une calotte sphérique : c'est alors le *dôme de vapeur*. Il faut que la chambre ait des dimensions suffisantes, afin que chaque coup de piston ne provoque pas un bouillonnement brusque dans l'eau. Pour les locomobiles, la chambre à vapeur doit être au moins trois fois plus grande que le volume d'eau à vaporiser par heure; cette grande capacité diminue les rapides variations de pression.

Du dôme part la prise de vapeur. C'est souvent un tuyau à robinet qui fait communiquer la chaudière avec le tiroir de la machine à vapeur. Ce tuyau doit être le plus court possible, entouré de matières mauvaises conductrices de la chaleur, sans coudes brusques ni rétrécissements. Souvent il n'y en a pas, comme dans les machines anglaises, et le tiroir communique avec la chaudière par un papillon. D'autres fois. le cylindre est plongé dans la chaudière (Lotz, Nassivet, Renaud, Chaillou et Roulin. etc.).

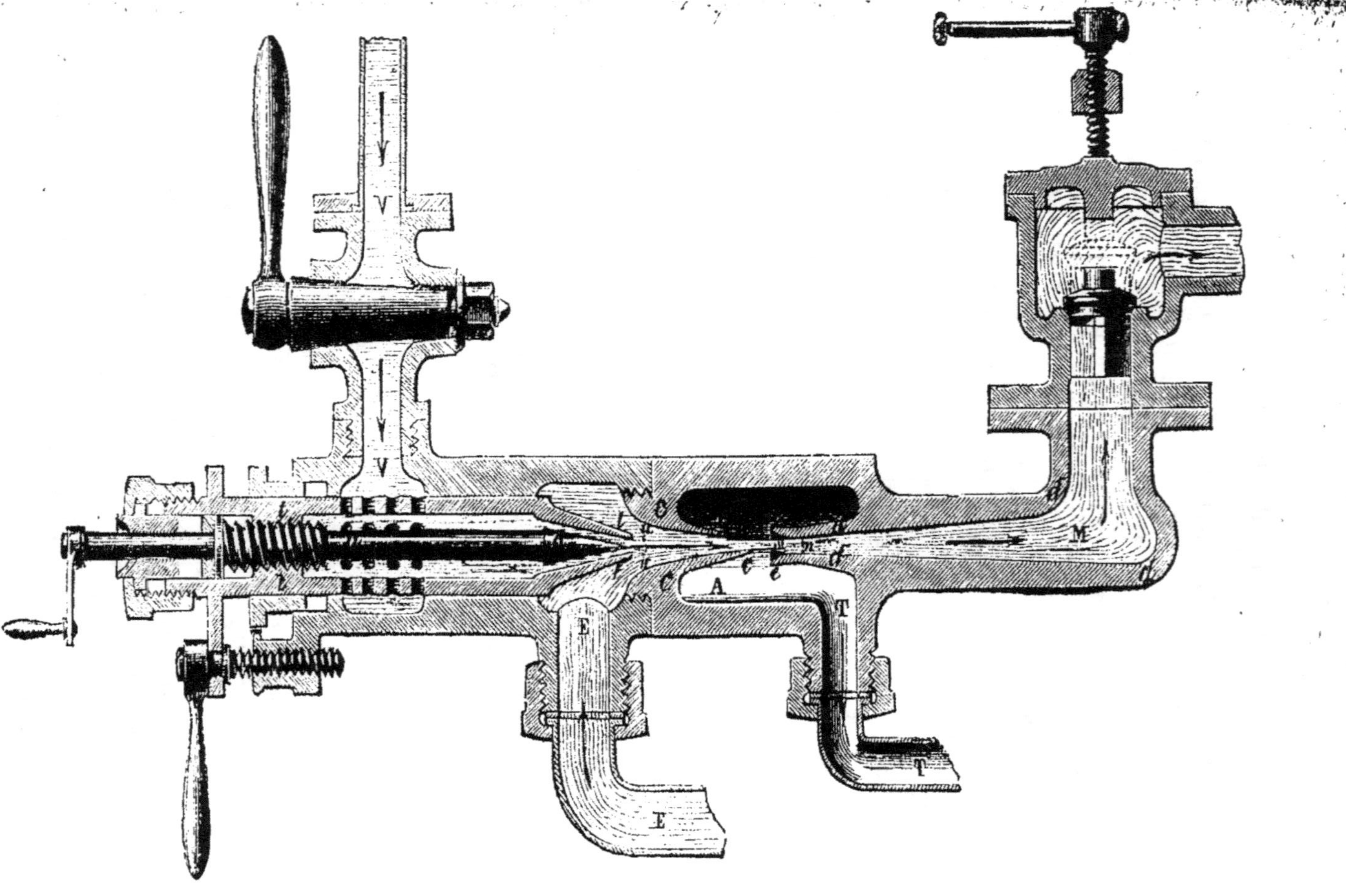

Fig. 15. — Coupe verticale de l'injecteur Giffard.

3

Il faut éviter que l'eau baisse trop dans la chaudière, ce qui laisserait à nu le ciel du foyer, qui pourrait être porté au rouge; si à ce moment on introduisait de l'eau froide, il pourrait se produire une explosion.

Dans toutes les locomobiles, un *tampon fusible* est placé dans le ciel du foyer; si le niveau de l'eau s'abaisse, le métal fond, la vapeur se précipite par cette ouverture dans le foyer, éteint le feu et évite les accidents.

On doit remplacer constamment et petit à petit l'eau qui a été vaporisée, en introduisant dans la chaudière de l'eau *d'alimentation*. L'alimentation se fait ordinairement au moyen d'une *pompe* à piston plongeur, mise en mouvement par la machine et refoulant l'eau à travers une soupape dite *clapet de retenue*. On peut encore employer l'*injecteur* proposé en 1859 par Henri Giffard, qui permet l'alimentation sans nécessiter la marche de la machine. Il se compose essentiellement (fig. 15) de deux tubes concentriques et effilés : le tube interne t communique avec la chaudière par un robinet V; l'autre, E, communique avec le réservoir d'eau d'alimentation. Une soupape conique a règle le jet de vapeur, qui, en s'échappant par le premier tube, aspire l'air du tube d'alimentation, dans lequel l'eau froide s'élève; l'injecteur amorcé, la vapeur chasse l'eau dans le tube du refoulement M, qui communique avec la chaudière par le clapet de retenue.

Pour économiser le combustible, il faut alimenter avec de l'eau chauffée par la vapeur d'échappement de la machine. On doit préférer chauffer l'eau d'alimentation pendant son refoulement, car, lorsqu'elle arrive à une température de 45°, ni la pompe ni l'injecteur ne peuvent l'aspirer pour s'amorcer, à moins que ces appareils soient placés plus bas que le réservoir d'eau.

L'eau d'alimentation doit donner le moins possible de dépôt. Les matières tenues en *suspension* (eaux troubles, louches) ne donnent qu'un résidu boueux qui n'adhère pas aux parois et que l'on évacue facilement. Les eaux tenant des sels calcaires en *dissolution* donnent des dépôts extrêmement durs et très adhérents aux parois : ce sont les *incrustations*. On a proposé différents procédés pour les éviter ou les atténuer.

Les générateurs sont régis par le règlement du 30 avril 1880.

II. Machines.

La vapeur d'eau a la propriété essentielle de tous les gaz : c'est la force expansive s'exerçant contre les parois du récipient qui la renferme. A 100° du thermomètre centigrade, la pression de la vapeur est égale à la pression atmosphérique normale, c'est-à-dire à 1 kilog. 033 grammes par centimètre carré. On dira que la pression est de 2, 3, 5 atmosphères lorsque la vapeur exercera sur les parois des récipients une pression de 2, 3, 5 fois 1 kilog. 033 par centimètre carré de surface. A mesure que la température s'élève, la pression augmente, ainsi que le montre le tableau suivant.

PRESSION		TEMPÉRATURE CORRESPONDANTE EN DEGRÉS CENTIGRADES
EN ATMOSPHÈRES	EN KILOGR. PAR CENTIM. CARRÉ	
1	1,033	100
2	2,066	121
3	3,099	135
4	4,132	145
5	5,165	153
6	6,198	160
7	7,231	166
8	8,264	172
9	9,297	177
10	10,330	182

Les premières machines à vapeur étaient à *simple effet*, parce que la vapeur n'agissait que d'un côté du piston; aujourd'hui elles sont à *double effet*. Dans les anciennes machines on employait la vapeur à *basse pression*, qui n'agissait que par *condensation*; ces machines exigeaient 700 à 800 litres d'eau froide par cheval-vapeur et par heure. Les machines à condensation et à *moyenne pression* sont encore utilisées dans l'industrie. Pour les locomobiles, on emploie la vapeur à *haute pression*, la machine est *sans condensation*, et la vapeur, après son action, est à *échappement libre* dans l'atmosphère.

La vapeur arrive dans une boîte ou *tiroir* qui la distribue dans un *cylindre* E (fig. 16) où se meut un *piston* guidé par des *glissières*; une *bielle* K et une *manivelle* L transforment son mouvement rectiligne alternatif en un mouvement circulaire continu de *l'arbre*, sur lequel sont calés un *volant* M et une *poulie*. Un *excentrique* circulaire fixé sur l'arbre com-

Fig. 16. — Locomobile.

mande le *tiroir distributeur* de vapeur. Le mouvement de l'arbre est régularisé par un *régulateur à force centrifuge* H, qui agit par des tiges I, I sur le tuyau de prise de vapeur F.

Pour expliquer le jeu alternatif du piston, on peut se reporter au schéma représenté figure 17. Suppo-

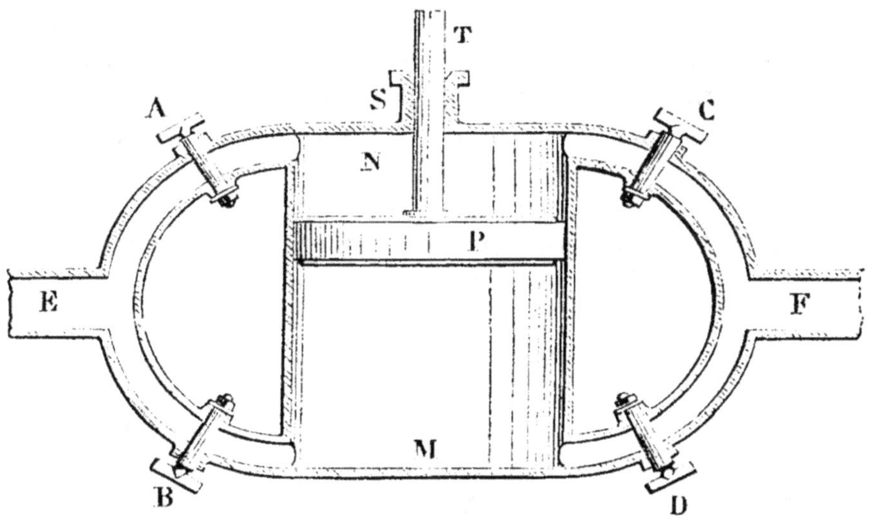

Fig. 17. — Principe de la machine à vapeur à double effet.

sons que le tube E soit en communication avec la chaudière, le tube F étant celui d'échappement. Si les robinets B et C sont fermés et si ceux A et D sont ouverts, la vapeur arrive en N, agit sur le piston P, qui descend; le fluide qui se trouve en M s'échappe par D et F. Lorsque le piston P sera arrivé à la fin de sa course, on change le jeu des robinets : on ferme A et D; on ouvre B et C; alors la vapeur entre en M et soulève le piston, et celle qui avait agi au tour précédent et qui se trouve en N s'échappe par C et F. — On voit en T la tige du piston qui traverse le presse-étoupe S.

Dans la pratique, ces robinets sont remplacés par une pièce appelée tiroir, représenté figure 18 et dont voici la légende : V, tuyau d'arrivée de la vapeur; il débouche dans la boîte à vapeur BB; — *aa, a'a'*, conduits ou lumières qui aboutissent à chaque fond du cylindre dans lequel se meut le piston P; — E, tiroir chargé de découvrir ou de fermer alternativement l'ouverture des lumières *a, a'*; entre les deux lumières *a, a'* se trouve une ouverture E, que continue le tuyau d'échappement C qui débouche à l'extérieur; — *tt*, tige du piston; — *bb*, presse-étoupe; — *r*, robinet de purge.

Dans la position indiquée par la figure 18, la vapeur, arrivant en V, passe par la lumière *a'a'* et débouche sous le piston P; celui-ci avance et se rapproche du presse-étoupe *b*. Dans ce mouvement, le piston chasse devant lui la vapeur détendue par la lumière *aa*, la coquille E du tiroir et le tuyau d'échappement C. Quand le piston P arrivera contre le fond supérieur du cylindre, le tiroir E sera descendu, la vapeur pénétrera par *aa* et poussera le piston en sens inverse à son premier mouvement; la vapeur qui avait agi précédemment s'échappera en C par la lumière *a'a'*.

Les machines sont *verticales* dans certains modèles, mais sont le plus souvent à cylindre *horizontal*.

Le *cylindre* est en fonte, ainsi que les deux bases qui y sont fixées au moyen de boulons. Une des bases porte une ouverture centrale garnie d'un *presse-étoupe* ou *stuffing-box b*, pour le passage de la tige *t* du piston (fig. 18) sans donner issue à la vapeur. Sur le cylindre est monté un *graisseur* à double robinet, pour lubrifier le piston.

Le piston le plus employé est du type suédois (fig. 19), formé d'anneaux métalliques qui pressent sur les parois internes du cylindre; l'épaisseur du piston

est environ le 1/8 de la longueur du cylindre ; en
son centre est fixée une tige qui passe au travers du

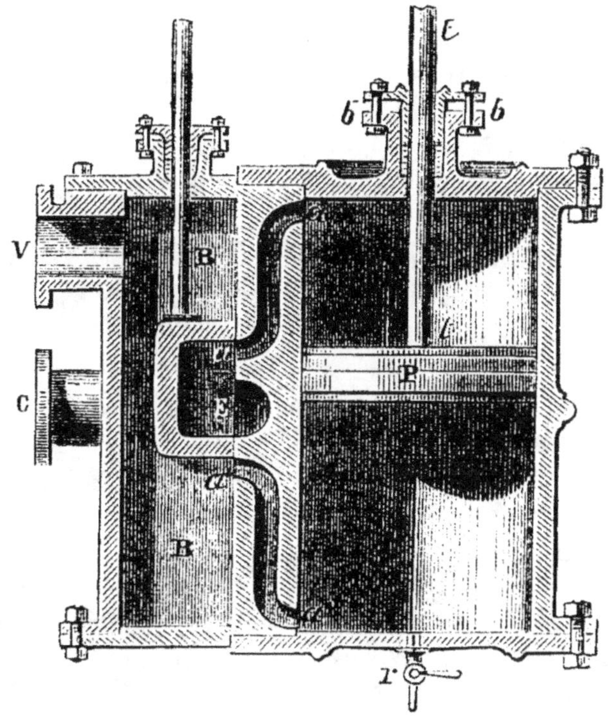

Fig. 18. — Cylindre à vapeur et tiroir (coupe).

presse-étoupe et porte une *tête* glissant dans une ou
deux glissières (machines Hidien ; Merlin et Cie, etc.).
Les *glissières* sont quelquefois cylindriques (Pécard,
Société française de matériel agricole, fig. 24) ; d'au-
tres fois c'est un plateau, comme dans les locomobiles
Albaret.

A la tête du piston est articulée une *bielle* en fer forgé
ou mieux en acier, renforcée par des nervures centrales. Il faut que la bielle ait la plus grande longueur possible ; on lui donne deux fois la course du
piston.

La *manivelle* est calée sur l'arbre. Elle a rigoureusement comme rayon la moitié de la course du piston. La partie où s'articule la tète de la bielle est appelée *bouton de manivelle*. Souvent la manivelle est formée par un coude simple ou double de l'arbre; celui-ci est dit *à vilebrequin*; d'autres fois, ce n'est qu'une sorte de poulie pleine portant un bouton et appelée *plateau-manivelle* (fig. 24). On emploie de préférence les arbres à vilebrequin central.

L'*arbre* est en acier; il est cylindrique et son diamètre doit être suffisant pour éviter toute torsion; il est muni de *joues* qui le maintiennent dans ses *portées*; il tourne dans deux *paliers* garnis de *coussinets* de bronze à graisseurs. Les coussinets peuvent se régler; ils sont en plusieurs parties, rapprochables au

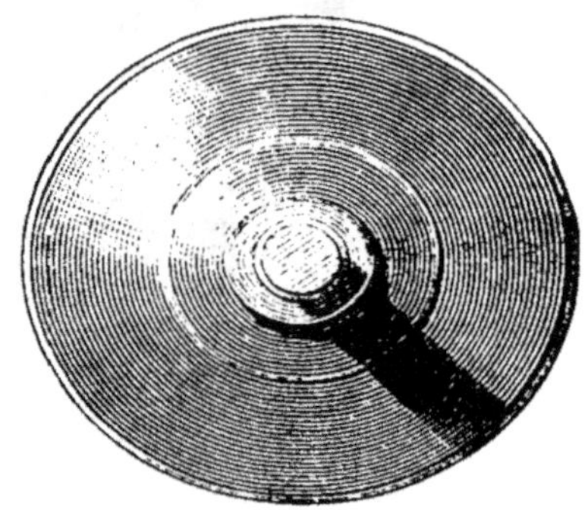

Fig. 19. — Élévation-coupe et plan d'un piston.

moyen de vis de serrage, afin que l'axe de l'arbre soit toujours à un écartement constant du fond du cylindre.

Les locomobiles ont un ou deux *volants*, qui sont indispensables pour régulariser le mouvement et vaincre les *points morts* de la machine [1].

1. On dit qu'une machine est au *point mort* lorsque la tige du piston, la bielle et la manivelle sont sur une même ligne droite; et au *point vif*, lorsque l'axe de la

La *jante* du volant est tournée et sert à mettre une courroie lors de la commande des machines à battre. A côté du volant, ou à l'opposé, on cale une ou plusieurs *poulies* de largeur de jante et de rayon variables, suivant la vitesse à donner aux machines.

Lorsque le tiroir est disposé pour que la vapeur pénètre sous le piston pendant toute la durée de la course, on dit que la machine travaille à *pleine vapeur*. Il est préférable de ne faire arriver la pleine vapeur que pendant une certaine partie de la course, puis de fermer toute communication avec la chaudière; la course s'achève par la force expansive de la vapeur, dont la pression diminue en raison de l'augmentation du volume, d'après la loi de Mariotte. La machine travaille alors à *détente*; la dépense de vapeur est moindre; il y a économie de 25 à 50 0/0. Dans les machines industrielles la détente est *variable*, à la main ou par le régulateur; mais dans nos machines agricoles elle est *fixe* et est obtenue par un tiroir à recouvrement (de Clapeyron).

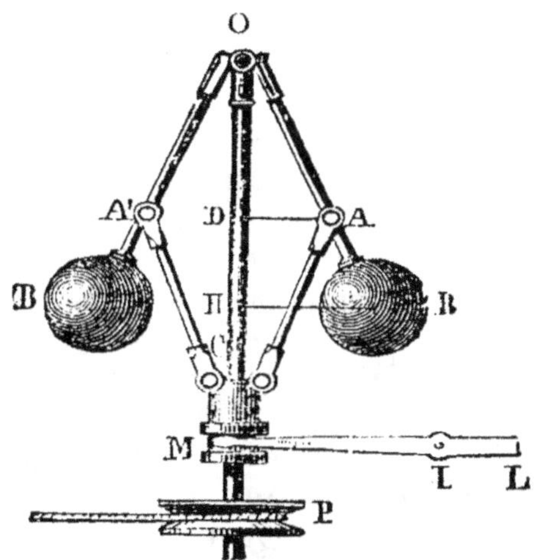

Fig. 20. — Régulateur à force centrifuge.

Le *régulateur à force centrifuge* (fig. 20) sert à maintenir la machine à une vitesse constante, quelles que soient les résistances auxquelles elle est soumise. Un arbre vertical HO porte deux boules B, B suspendues à des bras

manivelle est perpendiculaire à l'axe du piston. — Par tour de l'arbre, il y a 2 points morts et 2 points vifs.

BO reliés par des bielles A, A′, de façon à former un losange articulé OACA′. Si la vitesse de la machine dépasse la limite voulue, les boules s'écartent et les bielles entraînent le manchon M, qui agit sur un levier MIL et ferme un robinet ou valve placé sur la prise de vapeur. Quand la vitesse diminue, les boules se rapprochent, le manchon descend et la valve s'ouvre complètement.

On a cherché à simplifier les machines à vapeur en supprimant la bielle ou la tige du piston. M. Cavé a créé le type à *cylindre oscillant* (fig. 21). La tige du

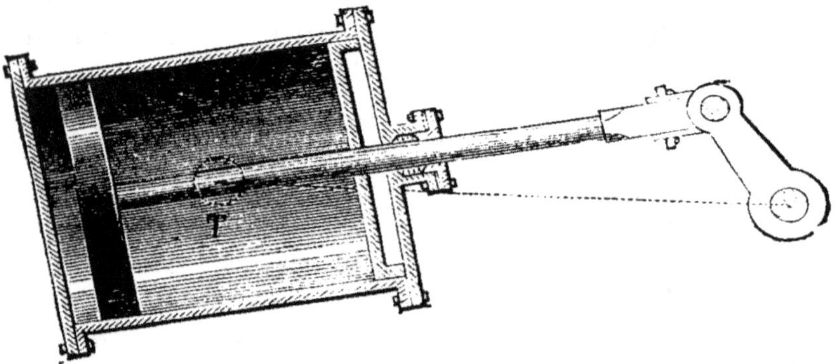

Fig. 21. — Machine à cylindre oscillant.

piston sert de bielle et s'attache directement au bouton de la manivelle. Le cylindre participe à l'obliquité variable de la bielle et tourne autour de 2 tourillons T. Dans la *machine à fourreau* (fig. 22), le cylindre moteur est traversé par un fourreau mobile FF relié au piston et au centre duquel s'articule la bielle ; le diamètre du fourreau doit être assez grand pour permettre à la bielle de prendre toute son obliquité.

Lorsque la force de la locomobile augmente. on a avantage à associer ensemble 2 cylindres ; les manivelles sont alors calées à angle droit, afin de supprimer les points morts. La disposition à 2 cylindres est très souvent employée pour la détente dans les machines du type inventé par Woolf et appelées encore machines *tandem*, *compound*, ou *jumelles*, suivant l'accouplement des cylindres.

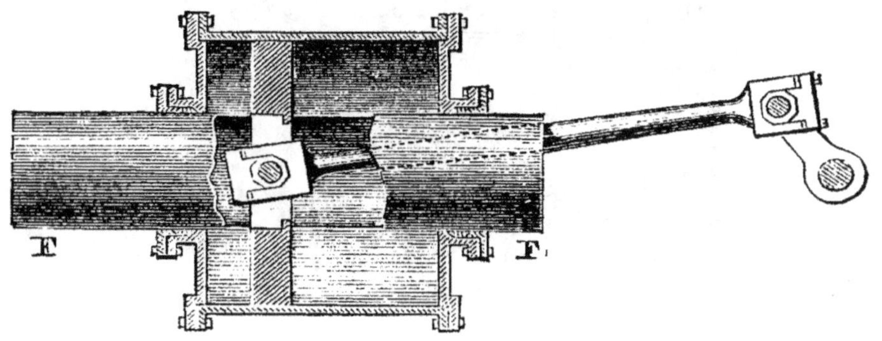

Fig. 22. — Machine à fourreau.

On ajoute aux locomobiles agricoles un *changement de marche* très simple et très commode pour la commande de certaines machines : il consiste à pouvoir déplacer à volonté l'excentrique sur l'arbre ; on peut aussi par ce moyen régler la détente.

Nous ne nous étendrons pas sur la façon de chauffer et de conduire les locomobiles, car les constructeurs donnent gratuitement une petite brochure à ce sujet.

Les locomobiles sont ordinairement montées sur 4 roues (fig. 23 et 24) ; les petites machines le sont sur 2, mais cela n'est pas une disposition à conseiller. Les roues sont en bois ou en fer avec une jante de fonte ou de fer. Les jantes en fonte ont l'inconvénient de s'écailler, il vaut mieux les roues tout en fer avec moyeu en fonte. — Le train est complété par un timon ou des brancards ; on ajoute quelquefois un frein ou un sabot pour retenir la machine dans les descentes. — Fortin frères montent leurs locomo-

Fig. 23. — Locomobile Fortin.

Fig. 24. — Locomobile à bâti latéral (Société française
de matériel agricole).

biles sur des ressorts de suspension comme ceux des voitures. — Le mécanisme de la machine Millot est abrité de la pluie par un petit toit en zinc ou en toile.

TRAVAIL DES LOCOMOBILES.

En moyenne, les locomobiles consomment de 2 kilog. 200 à 3 kilog. de houille par cheval-vapeur disponible sur l'arbre et par heure. Par force de cheval, les petites machines brûlent plus que les fortes : une machine de 2 à 3 chevaux consomme plus de 3 kilog. par heure, tandis qu'une locomobile de 8 à 10 chevaux consomme de 2 kilog. à 2 kilog. 200 par heure et par cheval-vapeur.

D'après les calculs de M. Hervé-Mangon, les *frais fixes* par jour de travail et par cheval-vapeur se décomposent ainsi (ces chiffres sont basés sur une locomobile de 8 chevaux brûlant par cheval et par heure 3 kilog. de charbon à 40 fr. la tonne) :

FRAIS FIXES PAR JOUR DE TRAVAIL

Chauffage, 30 kilog. à 40 fr. la tonne...	1 fr.	20
Mécanicien à 4 fr., soit par cheval.....	0	50
Graisse, huile, chiffons, allumage.......	0	25
Total..............	1 fr.	95

A ces frais il faut ajouter l'amortissement, le gros entretien, l'intérêt, qui constituent les *frais variables* et qui se répartissent sur le nombre de jours de travail.

PRIX DE REVIENT PAR CHEVAL-VAPEUR ET PAR JOUR

NOMBRE DE JOURS DE TRAVAIL PAR AN	FRAIS FIXES	FRAIS VARIABLES	TOTAL PAR JOUR ET PAR CHEVAL-VAPEUR
		fr.	fr.
50		5,25	7,20
100		2,62	4,57
150		1,75	3,70
200	1 fr. 95.	1,31	3,26
250		1,05	3,00
300		0,87	2,82
350		0,75	2,70

CHAPITRE III

ÉGRENAGE DES CÉRÉALES
ET DU MAÏS

« Les figures gravées sur les monuments de l'ancienne Egypte représentent le *dépiquage* du blé, qui se faisait au moyen de bœufs circulant en rangées alignées sur l'aire couverte de gerbes. C'est le procédé qui est encore en usage dans certaines contrées du sud de la France. On y emploie tantôt des bœufs, tantôt des chevaux. D'après Jaubert de Passa, 24 chevaux et 15 hommes peuvent dépiquer dans une journée 5200 gerbes de 7 kilog. 1/2 chacune. D'après M. Heuzé, chaque hectolitre dépiqué revient à 2 francs, et il reste beaucoup d'*ôtons* ou grains encore enveloppés.

« Homère a décrit le dépiquage du blé dans une de ces images où il aimait à rappeler les travaux des champs : « Tels, dit-il, lorsque les bœufs au large « front foulent les épis sur une aire aplanie, ils sont « aussitôt mis en débris sous les pieds des bœufs : tel « Achille... » Et un peu plus loin il compare la poussière que soulève le combat des Grecs et des Troyens à celle que produit le vannage des grains : « Telles « quand on vanne les blés des aires sacrées et que les

« pailles et les graines, chargées de la poussière de
« l'aire, sont poussées au loin par le vent qui s'élève. »
— Ce ne sont là que des comparaisons poétiques, mais
elles nous font connaître les pratiques agricoles des
anciens Grecs.

« .... Aujourd'hui le bruit cadencé du fléau reten-
tit encore dans beaucoup de nos villages du Nord-
Est.... Mais le battage au fléau est à la fois trop cher
et trop lent; il faut aujourd'hui viser à la plus stricte
économie et chercher à vendre son blé quand le prix
est le plus avantageux, ce qui arrive ordinairement après la moisson et avant que les arrivages
d'Amérique aient lieu. » (E. Risler [1].)

Les premières batteuses imitaient les mouvements
des fléaux. Ceux-ci fonctionnaient au moyen de cames,
ou étaient articulés sur un tambour. Les premiers
essais furent faits par Ilderton et Osley, puis par sir
Francis Kinlock dans le Northumberland; ces essais
conduisirent Andrew Meickle, de Tyningham (East-
Lothian), à combiner en 1786 la première batteuse
mécanique dans ses organes essentiels. « La première machine de Meickle fut établie chez l'un de
ses voisins, nommé Stein, dont le nom mérite d'être
conservé, car il est hautement honorable pour un
cultivateur de deviner le mérite d'une idée mécanique et de ne pas hésiter à s'exposer aux ennuis et
aux difficultés qu'entraîne toujours l'installation
d'une machine nouvelle, quelque bien conçue qu'on
la suppose. » (Hervé-Mangon.)

D'Écosse, les batteuses se répandirent, au commencement du siècle, en Suède et en Pologne. Elles
étaient à peine connues en Amérique vers 1815. Ce
ne fut que vers 1830 et 1835 qu'elles commencèrent

---

1. *Physiologie et culture du blé.*

à se répandre en France, mais surtout après l'Exposition universelle de 1855.

On distingue les *batteuses simples*, réduites à un batteur et un contre-batteur ; l'enlèvement de la paille se fait à bras, et la séparation du grain et des impuretés se fait dans une machine séparée appelée tarare ou ventilateur.

Quelquefois on remplace les femmes qui sont chargées de secouer la paille avec des fourches, à la sortie de la machine, par des secoueurs mécaniques dont l'invention a été faite par Hart et l'application par Garrett. La batteuse est *complète* lorsque, outre le secouage de la paille, elle soumet le grain à un premier nettoyage. — Quelquefois le grain est soumis à un second nettoyage et à un triage.

Les batteuses, simples ou complètes, sont *fixes* ou *locomobiles* ; ces différences n'intéressent que les détails du montage. Certaines batteuses locomobiles sont solidaires avec leur moteur à vapeur : ce sont les *loco-batteuses*.

Enfin il y a des *batteuses spéciales* pour le *trèfle*, le lin, le colza, etc. ; pour le maïs (voyez *égreneuses de maïs*).

Les batteuses sont complétées par certaines machines additionnelles, telles que les *engreneuses mécaniques*, les *lieuses* [1] et les *élévateurs de paille*.

Enfin quelques grains doivent être soumis à certaines préparations au sortir de la batteuse et avant leur nettoyage (*ébarbeurs d'orge*).

1. Voir notre premier volume, *les Machines agricoles,* page 161.

I. Batteuses.

Les machines à battre actuelles peuvent se classer en deux catégories :

1° Celles dans lesquelles la paille passe dans une direction perpendiculaire à l'axe du batteur : *batteuses en long* ou *en bout*; ces machines ont un batteur très court.

2° Celles dans lesquelles la paille passe dans une direction parallèle à l'axe du batteur : *batteuses en travers*; ces machines ont un batteur très long; elles ne datent guère que de 1839 à 1840.

1° BATTEUSES EN BOUT.

Dans les batteuses en bout, les batteurs dérivent de 2 types : le type *américain*, imaginé par Atkinson, et le type *écossais* de la machine de Meickle.

Les *batteurs américains*, appelés aussi batteurs à chevilles ou à peigne (fig. 25), sont constitués en principe par un tambour cylindrique A, monté sur un arbre central B et portant sur sa surface latérale une série de dents C implantées suivant des hélices à pas très rapproché. Le contre-batteur D est une plaque concave portant à l'intérieur des dents semblables à celles du batteur. On voit en T la table sur laquelle on étale les gerbes, qui sont envoyées au batteur suivant la flèche E; la sortie de la paille a lieu en S.

Ces machines étaient beaucoup répandues en Angleterre; le modèle fut pris sur les machines canadiennes. En France elles apparurent en 1855 avec la machine de Pitts (Montréal, Canada); elles se répan-

dirent dans le Midi (Pialoux, à Agen). Pendant longtemps il n'en fut plus question , puis elles nous
revinrent de Suisse (d'où le nom de *systéme suisse*),
où elles jouissent d'une bonne réputation comme
petites machines à bras et à manège (batteuses
Rauschenbach).

Dans la machine américaine de Moffact et Kinght,
le batteur a 0^m,405 de diamètre et 0^m,76 de long; les
chevilles ont 0^m,065 de long et sont écartées de 0^m,05 ;
le contre-batteur a deux rangs de semblables chevil-
les, et le batteur en a quatre; il fait 1200 tours par
minute.

Les chevilles sont boulonnées sur des barres ou
battes placées suivant les génératrices du batteur.
Les chevilles sont radiales ou inclinées; elles sont à
section rectangulaire. — Dans les batteuses alle-
mandes, le contre-batteur est ordinairement au-
dessus du batteur (fig. 25).

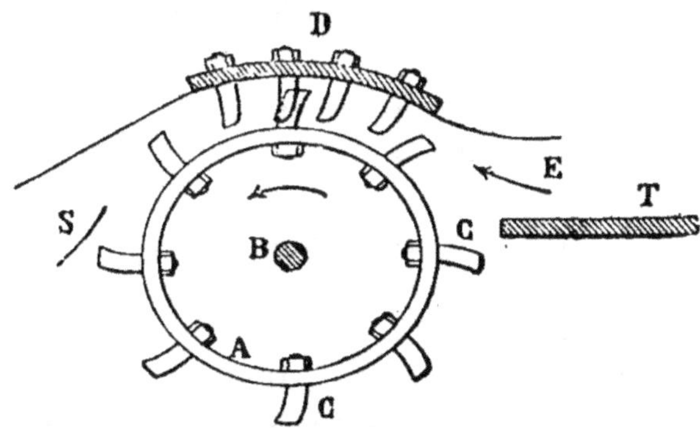

Fig. 25. — Coupe d'un batteur américain à pointes.

Les batteurs dérivés du type *écossais* (fig. 26) sont
formés de battes fixées sur deux tourteaux en fonte A
portés par un arbre central B. Les battes en fer C,
parallèles à l'axe, sont à arêtes vives ou arrondies.
L'intervalle entre 2 battes consécutives est laissé

libre (batteur à jour) ou garni avec une feuille de tôle *d* (batteur plein).

Le contre-batteur est formé d'un certain nombre de fers méplats *f* posés de champ et parallèles à l'axe du batteur; ces fers, placés à une certaine distance

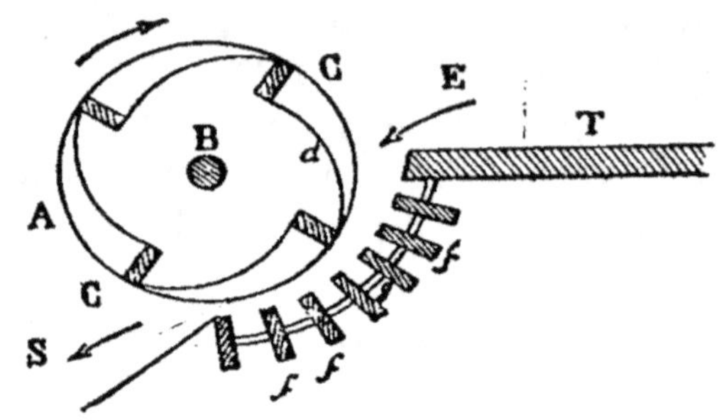

Fig. 26. — Coupe d'un batteur éc ssais.

les uns des autres, sont reliés entre eux par des entretoises et des fers ronds *g* formant grillage. En T est la table, en E l'entrée des gerbes et en S leur sortie.

Dans ces machines, le contre-batteur est toujours au-dessous du batteur.

2° BATTEUSES EN TRAVERS.

Dans les batteuses en travers, le batteur doit avoir une longueur égale à celle de la paille (fig. 27). Les machines françaises sont en général plus larges que les machines anglaises : les premières ont de 1^m,20 à 2^m; les secondes varient de 0^m,90 à 1^m,52. dans ce cas on est obligé d'engrener la paille obliquement par rapport à l'axe du batteur. — Les diamètres sont le plus souvent compris entre 0^m,50 et 0^m,65 et les vitesses de 900 à 1200 tours à la minute.

Le batteur est formé d'un certain nombre de battes en fer fixées sur 3 ou 4 tourteaux en fer forgé montés sur l'arbre central. — Les battes sont, dans les petits modèles, en bois garni de fer cornière ou mieux tout en fer. Les fers sont unis ou perforés, ils sont à section plate ou triangulaire. On emploie beaucoup de battes en fonte d'acier dont la face battante est garnie de saillies obliques ; la figure 27 représente un de ces batteurs de Garrett, posé sur un tréteau.

Le contre-batteur est à jour et garni de battes perforées ou striées ; il est maintenu sur chaque flanc de la machine et peut se rapprocher à volonté du batteur. Ordinairement, à l'entrée des gerbes, l'écartement est constant ; on ne règle qu'à l'autre extrémité au moyen de vis et d'écrous. Dans l'ancienne machine de Duvoir, le contre-batteur pouvait s'écarter du batteur lorsque l'on engrenait trop à la fois ; il était ramené par des ressorts.

Lorsque le contre-batteur est trop écarté du batteur, on passe plus de gerbes dans le même temps, mais on laisse plus de grain dans la paille ; trop rapprochés, on brise les grains et on use les battes.

SECOUEURS.

Les secoueurs se composent d'un certain nombre de lames de persiennes fixées à une extrémité à des tiges à glissières ou à des ressorts flexibles en bois leur permettant un mouvement alternatif, et à l'autre extrémité à une manivelle d'un arbre à vilebrequin (C, fig. 29). Les manivelles de 2 secoueurs élémentaires consécutifs sont opposées, de sorte que quand l'une s'élève et s'avance, l'autre s'abaisse et recule. La paille, étant toujours prise par les secoueurs dans leur mouvement d'élévation, progresse vers la sortie

Fig. 27. — Batteur Garrett.

en recevant une série de chocs qui ont pour effet de la secouer et d'en faire tomber les grains ; dans les batteuses à grand travail, les grains, balles et ôtons qui passent au travers des secoueurs, tombent sur un plan incliné qui les conduit aux appareils de nettoyage ; ce plan incliné est animé d'un mouvement alternatif. Au lieu d'articuler les secoueurs sur des manivelles à l'avant, certains constructeurs montent ceux du rang pair sur des manivelles placées d'un côté du batteur, ceux du rang impair sur des manivelles montées du côté de la sortie de la paille. Dans certaines batteuses (Marshall), les secoueurs sont articulés à leurs deux extrémités sur des arbres à vilebrequin, système qui évite les engorgements.

Les lames de persiennes des secoueurs sont formées par de petits liteaux triangulaires en bois fixés sur 2 longrines. On en fait beaucoup en plaque de tôle perforée et repoussée (système Pernollet-Gautreau).

Les secoueurs *rotatifs* (Ransomes) sont formés d'une série de prismes triangulaires en bois, parallèles et tournant autour de leur axe dans le même sens ; ces prismes sont armés de dents courbes qui passent les unes entre les autres. La paille est entraînée par ces dents et à leur partie supérieure.

Dans les secoueurs américains à toile sans fin, appelés *peg-drums*, la paille, à la sortie du batteur, tombe sur une toile sans fin constituée par des liteaux de bois, formant godets, vissés sur 2 courroies de cuir ; une ou plusieurs cames à mouvements rapides communiquent des secousses au secoueur. A la sortie des secoueurs, la paille tombe sur un plan incliné plein ou à jour, d'où elle est prise par l'ouvrier botteleur ou par une lieuse mécanique, ou encore déversée dans un élévateur de paille.

A. Batteuses simples a bras et a manège.

Ces machines, en bout (fig. 28), séparent simplement le grain de l'épi; elles sont mues par des hommes et dans ce cas sont peu avantageuses. On préfère les mettre en mouvement par des manèges. Ces batteuses se composent d'un batteur et d'un contre-batteur réunis à un bâti en bois ou en fer. La transmission se fait au moyen d'une série d'engrenages cylindriques, par vis sans fin ou par courroies. — Le manège peut être séparé (fig. 2) ou faire corps avec la batteuse, autour de laquelle tournent alors les animaux.

Les constructeurs ajoutent souvent à ces machines des appareils de premier nettoyage : un secoueur analogue à ceux des grandes machines. — Au moyen d'une corde ou d'une courroie, on commande latéralement un ou deux tarares.

B. Batteuses composées.

Ces machines (fig. 29), ordinairement en travers, sauf dans les types américains, sont composées d'un batteur A, d'un contre-batteur B, de secoueurs mécaniques C. Les gerbes étalées sur la table T sont poussées en E; la paille, après son passage au batteur et aux secoueurs, sort en R et tombe sur une grille en bois. Le grain venant du contre-batteur ou des secoueurs passe sur une grille D et tombe devant un ventilateur ou tarare E (voy. chapitre IV), dont le courant d'air qu'il fournit enlève les parties légères : menues pailles, balles, ôtons, etc., qui s'échappent suivant la flèche P; le bon grain débouche en G. Ces machines ne donnent que du grain plus ou moins propre; elles sont souvent montées en locomobiles (fig. 30).

Fig. 28. — Batteuse à bras de Garnier.

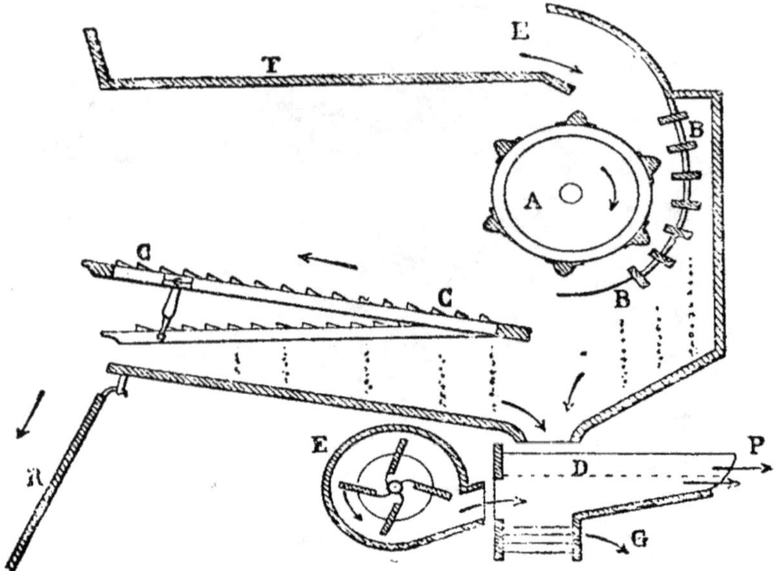

Fig. 29. — Principe d'une batteuse composée.

C. Batteuses a grand travail.

Ces machines ont d'abord les mêmes éléments que les précédentes, mais, à la sortie du ventilateur, le grain est remonté et est soumis à un second ventilateur, puis à un trieur qui le classe en plusieurs catégories suivant la grosseur et en élimine les petites grenailles. A la sortie de ces machines, le grain est prêt à livrer au commerce (fig. 31 et 32).

Dans certaines machines, les portions d'épis renfermant du grain sont remontées dans le batteur par une chaîne à godets (Aultman) ou par aspiration faite par le batteur lui-même (Breloux, Pécard, Société française de matériel agricole). Dans les batteuses à double et triple nettoyage, les grains remontent par des chaînes à godets ou par des élévateurs centrifu-

Fig. 30. — Batteuse composée de Fortin…

Fig. 31. — Batteuse à grand travail d'Albaret.

ges (fig. 32) : ceux-ci sont formés d'un tambour cylindrique dans lequel tournent des palettes qui projettent les grains dans un conduit tangentiel.

Les batteuses à grand travail pèsent de 2000 à 4000 kilog., portent un grand nombre d'arbres en mouvement et sont sujettes à des déformations dans les bâtis : aussi ceux-ci sont souvent très compliqués. Le système doit être triangulé, soit avec des arbalétriers en bois venant butter dans des poinçons verticaux (Clayton et Shuttleworth), soit avec des tirants en fer (Marshall), afin de répartir les pressions sur les 2 essieux. Les bâtis sont tout en fer (Robey) ou tout en bois avec des pièces de renfort, équerres, boulons (Hidien, fig. 32), etc. Quelquefois on fait des panneaux en tôle (Albaret, Breloux, etc.), ou les bâtis en fonte (Fortin, fig. 30).

Les batteuses à grand travail sont souvent complétées par un ébarbeur d'orge (voir page 72), un broyeur de paille destiné à hacher la paille pour la nourriture des animaux (voir page 129), des élévateurs pour la confection des meules (voir page 71), ou des lieuses.

D. Loco-batteuses.

Ces machines, spécialement destinées aux entrepreneurs de battage, ont l'avantage de ne former qu'un seul ensemble sur un unique chariot. La batteuse est ordinairement du type en bout. Dans la machine Guigner, de la Société française de matériel agricole, le moteur est vertical et la batteuse est à simple nettoyage. Pour le travail, la batteuse est écartée de la locomobile et glisse sur les fers du chariot monté sur 4 roues.

Les loco-batteuses sont très répandues dans la ré-

Fig. 32. — Batteuse à grand travail, à élévateur centrifuge, de Hidien.

gion de l'Ouest. Ces machines (Renaud, Lotz, Chaillou et Roulin, Nassivet, en France; Lipop et Rau, en Russie) sont montées sur 2 roues; la chaudière, horizontale, est d'un côté, et la batteuse écossaise (page 53) de l'autre. Sur la chaudière est une très simple machine à vapeur verticale, dont l'arbre traverse la cheminée; le volant commande par courroie. Ces machines, qui sont en définitive des batteuses simples, quelquefois avec un léger secoueur, font énormément de travail, mais exigent une nombreuse équipe d'ouvriers. Quatre jambes de bois serrées par des vis servent à maintenir la machine de niveau sur un sol absolument quelconque.

TRAVAIL DES BATTEUSES.

Le travail des batteuses est variable suivant le nombre et l'énergie des appareils annexes : secoueurs et nettoyeurs. Voici quelques chiffres provenant d'observations personnelles (le grain représente, en moyenne, le tiers du poids des gerbes) :

1° Au fléau. — Un homme bat environ 100 gerbes de 7 kilog. par jour, soit 230 kilog. de grain (l'hectolitre de blé pèse de 76 à 80 kilog.).

2° Batteuse en bout, batteur genre écossais, sans secoueurs ni nettoyeurs, mue par un manège à 4 chevaux; service fait par 12 à 15 personnes. En une heure on bat 125 gerbes de 12 kilog., soit 500 kilog. de blé.

3° Loco-batteuse en bout, batteuse genre écossais, sans secouage ni nettoyage; force de 4 chevaux-vapeur; service fait par 50 personnes; rendement, 2400 kilog. de grain à l'heure (non nettoyé); consommation de 22 à 23 kilog. de charbon.

4° Batteuse avec secoueur et ventilateur, simple

nettoyage, mue par une locomobile de 3 chevaux; 8 personnes de service; bat 2000 à 2100 kilog. de gerbes à l'heure, soit 700 kilog. de blé.

5° Batteuse avec nettoyage, commandée par une locomobile de 6 chevaux; service de 24 personnes; rendement de 1600 kilog. de grain à l'heure.

Aux expériences dynamométriques des batteuses faites en 1880 à Joinville-le-Pont, par la Société des agriculteurs de France, les machines à battre à grand travail avec nettoyage complet ont exigé de 525 à 680 kilogrammètres par kilog. de gerbes de blé battues et de 455 à 900 kilogrammètres par kilog. de gerbes de seigle battues. Avec ces machines, le grain laissé dans la paille a varié de 0,98 à 1,94 0/0 du grain total contenu dans les gerbes.

II. Batteuses à petites graines.

Ces batteuses, appelées aussi *batteuses à trèfle*, n'opèrent que sur les capitules ou les épillets séparés des tiges. Certaines batteuses (du système Chesnel) ont un batteur cylindrique horizontal tournant dans un contre-batteur perforé et excentrique par rapport à l'axe. Les batteuses les plus répandues sont à batteur conique garni de lames disposées en hélices; le batteur tourne dans un contre-batteur également conique (fig. 33). Les capitules, placés dans une trémie, sont poussés à la main dans un conduit vertical qui les amène au batteur du côté de la grande base du cône; les capitules sont déchirés, et, la graine mélangée de la bourre sort à la petite base du cône et tombe à terre ou dans des sacs. Dans les batteuses à trèfle à grand travail, les matières, à la sortie du batteur, passent (comme dans les batteuses

à blé) dans des appareils de nettoyage, cribles, ven-
tilateurs, etc.

Fig. 33. — Batteuse simple à petites graines (Société française
de matériel agricole).

Une batteuse à trèfle avec nettoyage, actionnée par
une machine de 4 chevaux, peut donner de 1 à
2 hectolitres de trèfle à l'heure ou presque le double
en luzerne.

III. Égreneuses de maïs.

Les machines employées à l'égrenage du maïs sont assez récentes. On était autrefois obligé de l'égrener au fléau, mais il faut alors qu'il soit bien sec, afin que les grains se détachent facilement. Souvent, dans le Midi, l'égrenage se fait à la main contre une planche, le soir, à la veillée.

Pour séparer les grains de maïs de la partie centrale de l'épi, appelée *râfle*, on fait usage de machines spéciales imaginées par les Américains, qui sont grands cultivateurs de maïs.

L'égreneuse se compose en principe d'un ou de deux disques en fonte, dont la surface est couverte de petites aspérités en forme de pointes ; les épis sont engagés dans une sorte de goulotte inclinée en fer, dont la partie inférieure est fortement appuyée contre le disque par un ressort d'acier ; sa compression est réglable à volonté au moyen d'une vis. L'épi se trouve donc comprimé sur le disque, et en même temps, par leur mouvement de rotation, les aspérités détachent les grains de maïs, qui tombent avec les râfles sur un plan incliné (fig. 34).

Dans l'égreneuse Albaret il y a en dessous un petit tarare qui fait subir au maïs un premier nettoyage ; une chaîne ou grille sans fin rejette les râfles au dehors.

Les plateaux, qui ont 0^m,40 de diamètre, doivent avoir une vitesse 3,1/2 à 4 fois plus grande que celle de la manivelle. Ces machines à bras égrènent de 3 à 5 hectolitres de maïs à l'heure.

On emploie aussi une machine composée d'un cylindre dont la surface est garnie de petites dents ; il tourne dans un autre cylindre-enveloppe en fonte,

mais placé excentriquement. Le cylindre-enveloppe
est également muni, intérieurement, de dents de

Fig. 34. — Égreneuse à maïs, à disque, de Tritschler.

0^m,01 à 0^m,015 de saillie. En traversant la machine,
les épis subissent une sorte de froissement, duquel
résulte la séparation des grains de la râfle, qui sortent

à une extrémité, où ils tombent sur un crible dont les mailles sont suffisamment larges pour laisser passer seulement les grains. Dans les petites machines de

Fig. 35. — Égreneuse à maïs, à cylindre, de Tritschler.

ce système (Tritschler), les épis de maïs arrivent par une longue trémie tangente au cylindre ; la machine de Tritschler (fig. 35) peut égrener 10 hectolitres de maïs à l'heure. Dans les autres plus importantes, à plus grand rendement, mues par la vapeur, la trémie se trouve à l'une des extrémités de l'enveloppe. Ces égreneuses sont appelées à rendre d'utiles services dans le Midi et dans nos colonies. En Amérique on a des égreneuses de maïs à grand travail, à alimentation automatique, à secoueurs et à nettoyage (machines d'Adams, de John T. Noye and sons, de Barnard and Leas Mfg. Cᵒ, etc.).

IV. Engreneuses mécaniques.

Le rendement des batteuses étant influencé par la plus ou moins grande habileté de l'ouvrier engreneur chargé d'étaler et de présenter les gerbes à la machine, on a cherché à supprimer cet ouvrier en le remplaçant par un mécanisme spécial.

L'engreneuse mécanique assure une alimentation uniforme et toujours en rapport avec la vitesse du batteur; il en résulte une économie de force motrice (car la machine n'agit plus par à-coups) et un meilleur rendement du travail en qualité et en quantité.

Dans l'engreneuse Albaret, les gerbes, déliées, sont jetées dans une trémie où elles rencontrent des planchettes garnies de pointes et fixées sur une chaîne sans fin mise en mouvement par le batteur; chaque pointe entraîne une quantité déterminée de gerbe et la présente au batteur de la machine.

Dans l'engreneuse Demoncy-Minelle (fig. 36), la gerbe est remontée par un petit élévateur formé d'un cylindre garni de dents, puis elle tombe sur un plan incliné qui la conduit au batteur; sur ce plan incliné, la gerbe est étalée et régularisée par une sorte de peigne animé d'un mouvement oscillatoire communiqué par des bielles et des manivelles que l'on aperçoit bien dans la figure 36.

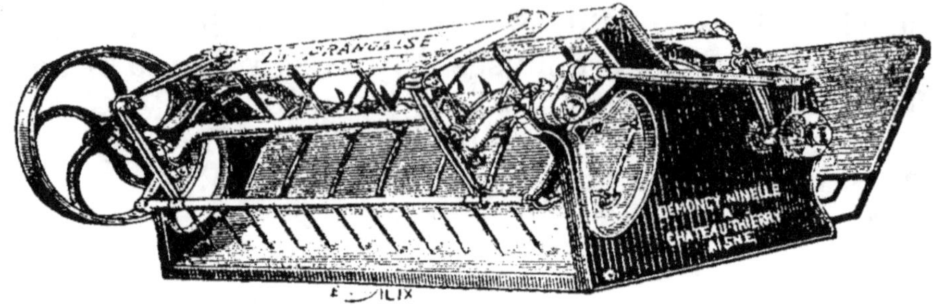

Fig. 36. — Engreneuse mécanique « la Française » de Demoncy-Minelle.

V. Elévateurs de paille.

Ces machines reçoivent dans une trémie la paille à sa sortie des secoueurs des batteuses; elles ont pour but d'élever la paille à une certaine hauteur, afin d'aider à la confection du pailler; elles permettent de supprimer un grand nombre d'ouvriers chargés de ce travail.

Les élévateurs se composent en principe de deux chaînes métalliques, sans fin, parallèles (Albaret, Marshall, Clayton, etc.), qui se meuvent dans un couloir oblique en planches; ces chaînes sont reliées de distance en distance par des traverses en bois sur lesquelles sont fixées des dents de fourches qui entraînent la paille. La chaîne passe, à la partie inférieure, sur un tambour moteur mis en mouvement par la batteuse; elle prend la paille dans la trémie et l'élève jusqu'au sommet du couloir en planches.

On donne, au moyen d'un treuil et pendant la marche, l'inclinaison voulue au couloir de l'élévateur; on l'élève au fur et à mesure que la meule de paille se fait ; à la fin du travail, la hauteur maximum, qui est de 6 mètres, est atteinte.

Dans certains élévateurs, les chaînes métalliques sans fin sont remplacées par des courroies en caoutchouc (Nalder et Nalder) ou en cuir (Société française de matériel agricole).

Les élévateurs sont le plus ordinairement montés sur un train de 4 roues.

VI. Ébarbeurs d'orge.

Les grains d'orge sont terminés par un prolongement filiforme raide et dur qui persiste après le bat-

Fig. 37. — Ébarbeur d'orge de Pilter.

tage ; dans cet état, le grain n'est pas marchand ni propre à l'alimentation du bétail ou à la préparation du malt des brasseries et distilleries : il faut l'ébarber dans une machine spéciale.

En principe, l'ébarbeur (fig. 37) se compose d'un arbre horizontal ou faiblement incliné de $0^m,80$ à 1^m de longueur, garni de petites lames d'acier implantées suivant une hélice. L'arbre, animé d'une vitesse de 150 tours environ à la minute, tourne dans une enveloppe cannelée en fonte de $0^m,15$ de diamètre interne. Dans certaines machines l'arbre est vertical et le cylindre-enveloppe en tôle perforée laisse échapper la poussière. L'orge, jetée dans une trémie, entre dans le cylindre et en sort par une extrémité ; un simple coup de tarare suffit pour nettoyer l'orge ébarbée.

Un ébarbeur mû par un manœuvre peut traiter de 1500 à 1800 litres d'orge à l'heure.

CHAPITRE IV

NETTOYAGE DES GRAINS

Lorsque le grain sort du contre-batteur des machines à battre, il est accompagné de poussières, de fragments de paille, de petits cailloux, de mottes de terre, de balles, de grains cassés, de mauvaises graines, etc.

Il faut lui faire subir un premier nettoyage dans une machine appelée *tarare débourreur*. Ce nettoyage est grossier : il se borne à enlever les matières plus lourdes que le grain; un *criblage* accompagne toujours cette opération et enlève les matières plus volumineuses que le blé.

Le grain ainsi obtenu n'est pas encore *marchand*; il faut lui faire subir dans le grenier un second nettoyage dans un *tarare finisseur*, qu'on appelle aussi *tarare cribleur* : il sépare les matières étrangères d'une densité plus faible que celle du blé.

La séparation des petites pierres et des mottes de terre contenues dans le grain s'effectue souvent dans des instruments spéciaux appelés *épierreurs*. Enfin le grain propre donné par les machines précédentes est classé en catégories de différentes grosseurs au moyen des *tricurs*.

I. Tarares.

Nous venons de voir qu'il y a les tarares débour-
reurs et les tarares cribleurs ou finisseurs. Ces deux
instruments sont identiques comme principe de construction et ne diffèrent que par leurs dimensions et
par l'énergie de leur travail; certaines machines font
même les deux opérations en un seul coup et rendent le blé marchand.

Ces appareils de nettoyage sont souvent montés
sur les batteuses. Dans ce cas ils prennent des formes
spéciales exigées par les dimensions et les bâtis des
machines; mais, en tout cas, leur principe est exactement le même que celui des tarares spéciaux; c'est
pour cette raison que nous n'étudierons que ces
derniers.

Les tarares sont d'invention assez récente; on a
vu à l'historique des batteuses (page 48) comment
Homère décrit le vannage des grains; cet antique procédé est encore malheureusement trop en usage. Les
anciens tarares sont appelés tarares Dombasle.

Le grain, déposé dans une trémie, tombe sur des
grilles en fil de fer, superposées à une certaine distance l'une de l'autre. Ces grilles sont animées d'un
mouvement saccadé de va-et-vient. Les parties qui passent au travers des grilles sont soumises à l'action d'un
courant d'air plus ou moins énergique, qui laisse tomber le grain seul, mais qui entraîne les matières de
plus faible densité : balles, menues pailles, poussières, épis non battus, qui s'échappent de la machine
et tombent à une certaine distance.

La trémie est en bois ou en tôle mince; elle a la
forme d'un tronc de pyramide quadrangulaire. Sur
un de ses côtés est une petite trappe fermée par une

vanne que l'on maintient à la hauteur voulue par une vis ou par des chevilles. Dans le tarare « Silencieux » de Léon Mabille (1885), le fond de la trémie est occupé par un cylindre cannelé en bois mis en mouvement par le mécanisme; il alimente régulièrement la machine.

Dans les tarares de Garrett, de Hornsby, etc., l'alimentation est réglée par un rouleau garni de dents fonctionnant au travers d'une grille placée à la sortie de la trémie.

Les grilles ont des mailles de grosseur déterminée ou sont en tôle perforée ; elles peuvent se changer suivant le travail que l'on demande au tarare, et sont maintenues par de petites chevilles en fer. L'ensemble des grilles est suspendu par des chaînettes ou par des tiges-ressorts en caoutchouc, comme dans les tarares d'Hornsby. — Le mouvement de va-et-vient est donné par un taquet mis en marche par des cames fixées sur l'arbre moteur ; ce système primitif donne un bruit particulier appelé *tic-tac*. Il vaut mieux avoir recours à un excentrique calé sur l'arbre-manivelle (fig. 38). Dans le « Silencieux », la transmission a lieu au moyen de 2 lanières de cuir, ce qui donne un mouvement très doux. — L'inclinaison des grilles doit pouvoir être modifiée à volonté suivant les densités des grains et les difficultés du nettoyage. Dans le tarare de Corbett et Peele, l'inclinaison se change en modifiant le point d'attache de la partie inférieure des cribles, et la vitesse de ces derniers, en modifiant le point d'attache de la bielle.

Le courant d'air est fourni par un *ventilateur* composé d'un jeu de palettes en bois fixées sur l'axe horizontal; elles sont inclinées sur le rayon. Ces palettes tournent à l'intérieur d'un tambour, aspirent l'air

par le centre et, en vertu de la force centrifuge,
le refoulent suivant une tangente au tambour dans
une direction inclinée de bas en haut, de façon

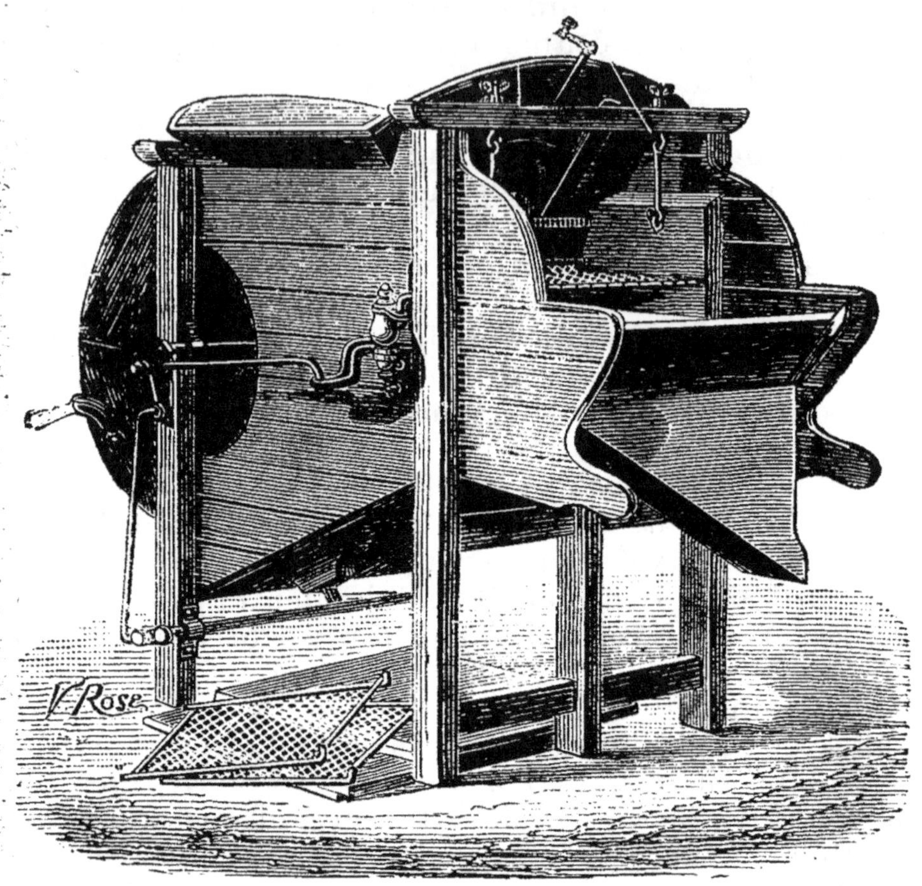

Fig. 38. — Tarare L. Mabille.

qu'il passe sous les grilles du crible. L'énergie du
courant d'air est déterminée par les dimensions des
palettes, leur vitesse de rotation et par les dimensions des ouvertures centrales par où se fait l'appel
d'air; ces ouvertures peuvent s'obturer plus ou

moins au moyen de planches ou de vannes. Dans le tarare de Mestcherine (Russie), le courant d'air peut être dirigé, par des cloisons mobiles, sur les diverses grilles.

Le mouvement est donné aux palettes au moyen d'engrenages multipliant la vitesse de la manivelle. Comme ces machines exigent peu de force, la manivelle est très courte et il n'y a qu'un jeu d'engrenages à dents fines; ces engrenages sont extérieurs au bâti ou disposés intérieurement. (Ballat de Belgique, Savary, etc.)

La manivelle est placée directement devant une des joues du ventilateur; quelquefois (tarare de Youf) il y a un engrenage d'angle et un arbre latéral; la manivelle se tourne alors du côté de la sortie des poussières, disposition qui permet à l'ouvrier de surveiller l'alimentation et le travail.

La manivelle ne devant tourner que dans un sens déterminé, on la monte souvent sur un pas de vis : si l'on vient à tourner à rebours, elle se desserre de son arbre. Dans les tarares de Garnier, la manivelle est montée à déclic à rochets, et on peut l'arrêter brusquement sans craindre les ruptures qui ne manqueraient pas de se produire, l'arbre des palettes étant animé d'un rapide mouvement.

Après le passage au travers du courant d'air, les grains tombent sur un plan incliné qui les amène sous le tambour du ventilateur, quelquefois dans un coffre en bois. Dans certaines machines ce plan incliné forme crible, il est en fil de fer et animé de secousses communiquées par une bielle verticale; au travers de ce crible passent les grains brisés, les grenailles ou petites graines et les grains de sable.

Les tarares étant des instruments très légers, on les déplace fréquemment; il est alors bon de fixer aux deux jambages antérieurs des roulettes de 0^m,20 de diamètre environ ; les deux autres jambages sont munis de poignées, et la machine se pousse comme une véritable brouette.

Dans le grand tarare de Corbett et Peele (Angleterre) [fig 39], le grain nettoyé est monté par une

Fig. 39. — Grand tarare à élévateur et à bascule de Corbett et Peele.

chaîne à godets et versé dans une trémie. De la trémie, le grain tombe dans un sac posé sur une planche formant bascule. Lorsque le sac renferme un poids donné de grain, la bascule descend et ferme automatiquement la porte d'alimentation au moyen de tiges à crochets.

Souvent les tarares sont accouplés avec des cribleurs spéciaux (Boby) ou avec des trieurs (Hornsby). On construit enfin des tarares spéciaux pour graines de betteraves, haricots, maïs, féveroles, cafés, etc.

Les *tarares aspirateurs*, appelés encore *américains*
et dérivés du type de Childs, sont plutôt des machines industrielles qu'agricoles; ils sont très employés dans la meunerie; leur travail est parfait. Le
blé tombe en nappe régulière dans un conduit d'aspiration; ce conduit est en communication avec l'axe
d'un ventilateur. Les parties légères, les grains ava-
riés sont aspirés et rejetés par le ventilateur. Ces
machines, avec des largeurs de 0^m,75 à 2 mètres,
nettoient de 200 à 2400 kilog. de grain à l'heure
(tarares de Brault et Teisset, de Rose frères, de
Hignette, etc.).

Lorsque les tarares sont montés sur les batteuses,
le ventilateur est commandé par courroie; quelquefois il est monté sur l'axe même du batteur et envoie
le courant d'air dans des canaux en bois, en tôle
ou en fonte (Garrett, Cumming, etc.). Lorsque la
batteuse comporte un second nettoyage, il y a également un second ventilateur finisseur. La batteuse à
grand travail de Garrett n'a qu'un seul ventilateur
énergique, qui refoule l'air dans trois conduits spéciaux.

Travail des tarares.

La force exigée est très faible, il faut en moyenne
de 10 à 15 kilogrammètres par kilogramme de grain
nettoyé; ce chiffre est d'ailleurs variable avec l'état
du grain. Suivant leurs dimensions et l'état du grain,
les tarares débitent de 4 à 14 hectolitres à l'heure.
Il faut un homme à la manivelle et un autre au chargement et au déchargement; ils se relayent de temps
en temps.

II. Épierreurs.

Si l'on met un mélange de grains et de pierres,

Fig. 40. — Cribleur-épierreur J. Hignette

ou autres corps de plus forte densité, sur une
planche à rebords, et si cette planche est animée de

secousses, les corps se superposent par ordre de densité, les plus légers étant à la partie supérieure. Si les côtés de la planche sont inclinés par rapport au mouvement, de façon à former un triangle dont la pointe est à un niveau plus bas que la base, les grains les plus lourds s'écouleront vers la pointe, et les matières les plus légères, telles que les balles, sortiront par la grande base. De cette manière, la machine agit, jusqu'à un certain point, à la façon de l'ancien *van* à main. Le cribleur Josse (fig. 40), basé sur ce principe, est une sorte de table DEO en forme de triangle isocèle; elle est garnie de rebords et divisée par des planchettes *a* en compartiments triangulaires semblables à la table et semblablement disposés. La table est inclinée faiblement de la base à la pointe. Une trémie T amène le grain vers le centre de gravité du triangle; les balles sortent en B, et le grain mélangé des pierres s'amasse vers la pointe O : le grain passe au travers d'une grille et tombe sur le sol; les pierres débouchent en OO. La table est montée sur des pieds en bois flexible ou en ressorts d'acier. Les secousses sont données directement à la main ou par l'intermédiaire d'une bielle mise en mouvement par une manivelle et des engrenages; la manivelle doit faire exactement 115 tours à la minute; un volant régularise le mouvement. Le bâti est monté sur 3 boulons C, C, H qui servent à lui donner exactement la pente voulue.

III. Trieurs.

Les trieurs sont des machines employées pour séparer, pour *trier* les grains en catégories de grosseurs différentes. — L'ensemble du grain que l'on passe au trieur a été nettoyé des poussières et autres matières nuisibles par le tarare. Les trieurs peuvent se diviser en deux catégories :

1° Les cribleurs ;

2° Les trieurs proprement dits ou alvéolaires.

1° CRIBLEURS.

Les cribleurs sont, en principe, formés d'une grille en fils de fer ou en tôle perforée de trous de différents diamètres et sur laquelle passe le grain.

On distingue :

A. Les *cribleurs fixes* ;

B. Les *cribleurs* à mouvements alternatifs;

C. Les *cribleurs* à mouvement rotatif.

A. CRIBLEURS FIXES.

Ces machines, appelées aussi cribles allemands, se composent d'une trémie dans laquelle on met le grain; celui-ci sort par une vanne inférieure, dont on peut régler l'ouverture, et tombe sur le crible qui est incliné. Dans le crible allemand il n'y a qu'une seule grille en fils de fer placés en travers de la pente et suffisamment rapprochés pour ne laisser passer que la poussière. Le grain tombe au bas avec les pierres, les mottes de terre, etc.

Dans le crible Quentin-Durand, Peltier (fig. 41), les fils de fer sont placés en long, suivant la pente. La grille supérieure E laisse passer le grain et retient les corps étrangers, qui, en glissant vers le bas, rencontrent deux cloisons en forme de V, contre les parois desquelles ils se heurtent et se rassemblent; ils sortent par une ouverture inférieure F, qui les conduit dans une boîte. Au-dessous de la première grille le grain en rencontre une seconde G, parallèle, qui ne laisse passer que les poussières, les grains avortés et la grenaille ; le bon grain épuré descend

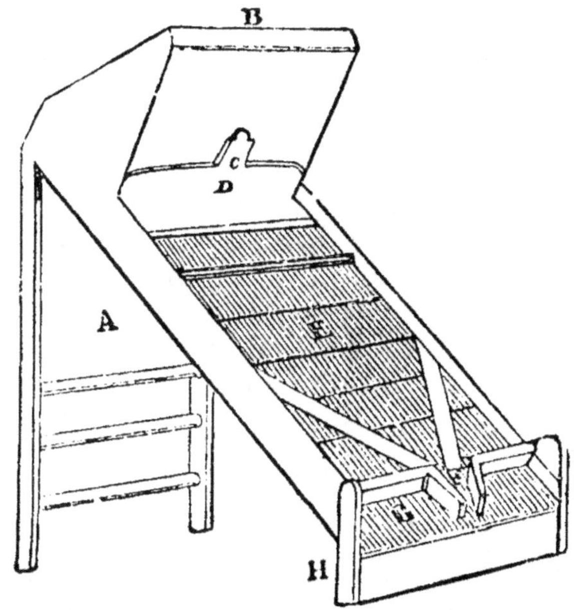

Fig. 41. — Cribleur fixe Senet.

sur la seconde grille et sort par la partie inférieure. On peut changer les grilles suivant le grain à trier : blé, orge, avoine, seigle, etc. ; on voit en B la trémie, en D la vanne de sortie du grain, en A et en H le bâti du crible.

B. Cribleurs a mouvements alternatifs.

Ces machines, dérivées du crible Bridgemann (1856), sont préférables aux précédentes. Les cribles fixes s'encrassent facilement, et souvent certains grains parcourent le crible sans passer au travers des mailles. Les cribles alternatifs sont appelés aussi cribles Boby, du nom de leur constructeur.

Une trémie contient le grain nettoyé et le laisse tomber en quantité régulière sur une ou plusieurs grilles. Ces grilles sont suspendues par des tiges ou des chaînes, ou roulent par des galets sur des glissières inclinées. Un mouvement alternatif est donné à ces grilles par un taquet et une roue à cames, ou par une bielle et une manivelle; la roue à cames ou la manivelle sont fixées à un arbre horizontal qu'un manœuvre fait tourner plus ou moins vite au moyen d'engrenages. Pour éviter l'engorgement des grilles, il y a, de distance en distance et en dessous, des tiges d'acier fixes sur lesquelles sont enfilées librement de petites rondelles en mince tôle de laiton; ces rondelles passent entre les grilles du crible et les dégagent de tout corps étranger. Dans le crible Boby, les grilles font 4 oscillations par tour de manivelle; tourné à la main, on peut cribler environ 5 hectolitres à l'heure. Les fils de fer des grilles ont ordinairement $0^m,003$ de diamètre. Dans le crible de Josiah Lebutt, les barreaux de la grille sont à faces droites verticales, un peu arrondis sur les arêtes; ces barreaux ne sont pas attachés sur le cadre par des fils de fer, qui peuvent se déranger, mais sont encastrés dans les traverses du cadre. Dans le *crible automoteur* de Boby (1878), le grain, en sortant de la trémie, tombe dans une roue à augets, qu'il met en mouvement, puis de là passe sur le crible; la roue à augets commande les grilles du crible par de petites bielles.

Au lieu de changer les grilles suivant les matières à cribler, on peut en rapprocher les barreaux comme dans la machine de Boby (1862) et on a un crible extensible, réglable à volonté.

C. Cribleurs a mouvement rotatif.

Au lieu de faire tomber le grain sur des grilles de différentes grosseurs et à mouvement saccadé, on le fait passer dans un cylindre rotatif à axe incliné sur l'horizon. La surface du cylindre est formée par des grilles en fil de fer ou mieux par des feuilles de zinc perforées de trous de différentes formes. Cette machine, qui date de 1854-1855, porte en général le nom de trieur Pernollet.

Dans ces trieurs (fig. 42), le grain est placé dans

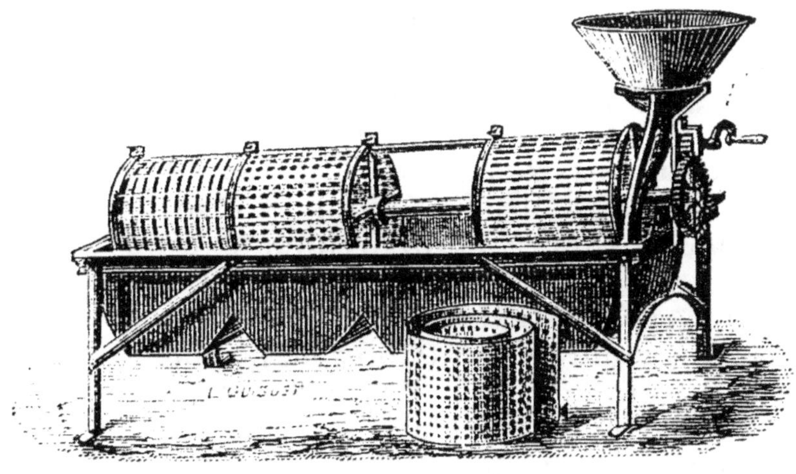

Fig. 42. — Trieur Pernollet.

une trémie, qui le déverse dans le cylindre, en tête du premier compartiment. Celui-ci est percé de trous longs suivant le sens des génératrices; ces trous alternent avec d'autres plus petits et ronds.

Le premier compartiment laisse échapper l'ivraie, la poussière, les petites graines et les grains avortés.

Le mélange qui reste dans le premier compartiment passe directement dans le second; celui-ci est percé de trous ronds et petits par lesquels passent les nielles, les graines rondes, le petit blé échaudé impropre à la mouture et à la semence; le second lot constitue les criblures proprement dites, qui servent à l'alimentation des volailles.

Le troisième compartiment est à trous ronds, mais d'un diamètre plus grand que ceux du compartiment précédent. Les gros grains étrangers y passent mêlés au blé que l'on appelle première-seconde qualité. Cette catégorie doit être repassée à la fin de l'opération et donnera du grain propre à la mouture.

Le quatrième compartiment est à trous longs, perpendiculaires aux génératrices du cylindre; ces trous laissent passer le blé propre, qui constitue le 4ᵉ lot. Enfin les pierrailles, les mottes de terre, les débris de toutes sortes qui n'ont pu sortir du cylindre tombent en avant et constituent le 5ᵉ lot.

Ces trieurs sont à compartiments amovibles; on peut changer facilement les enveloppes suivant la nature du travail à exécuter.

Dans les cylindres de Penny, à la place de la tôle perforée on emploie des fils de fer roulés en spirale et dont l'écartement règle le passage du grain. Une brosse rotative placée à la partie supérieure assure le nettoyage des spires et fait tomber les grains qui s'y sont pincés.

Dans certains cribles en fils de fer (Penny) on peut, au moyen d'une vis placée dans l'arbre, allonger ou raccourcir le cylindre, ce qui revient à agrandir ou à diminuer l'écartement des spires. Ces *cribleurs extensibles* sont très souvent adjoints aux batteuses à grand travail.

Les fils de fer des cribles Penny peuvent être à

section triangulaire dont la base est à l'intérieur du cylindre ; de cette façon il y a plus de dégagement pour les grains et ceux-ci ne se prennent pas entre les fils.

Certains cribleurs rotatifs et même alternatifs sont placés au-dessous d'un tarare et complètent le travail d'un seul coup.

Les cribleurs rotatifs sont mis en mouvement par une manivelle à faible rayon montée à la façon de celles des tarares (voyez page 78), afin d'assurer le sens de la rotation. Quelquefois (fig. 42) on commande par un engrenage diminuant la vitesse : la manivelle fait 35 à 40 tours par minute et le cylindre 8 à 10. Ces machines criblent de 35 à 60 hectolitres par jour.

2° TRIEURS ALVÉOLAIRES.

Le travail de ces trieurs est basé sur la séparation des grains en vertu de la différence de leurs formes, et par conséquent sont préférables aux systèmes précédents. Ainsi avec un crible, quelque perfectionné qu'il soit, si l'on a des trous longs de 3 mm. de diamètre, il peut y passer des graines rondes de moins de 3 millimètres avec les graines longues. Les graines longues peuvent tomber à travers les trous ronds lorsqu'elles se placent debout, ce qui arrive lorsqu'il y a dans le cylindre une certaine épaisseur de grains à trier.

Les premiers trieurs alvéolaires furent inventés par Vachon, de Lyon, vers 1811 ; ils étaient alternatifs. C'était une table couverte d'une plaque en forte tôle trouée ; les trous formaient les alvéoles. La table était montée sur deux pieds et on l'animait d'un mouvement oscillatoire. On y mettait une certaine quantité de grains et on secouait la table : les grains ronds, grenailles, graviers restaient dans les alvéoles, tandis que le blé ne pouvait pas s'y loger : il descendait sur la table et tombait par une goulotte inférieure d'où un boyau de toile le menait dans une corbeille. Lorsque tous les alvéoles étaient gar-

Fig. 43. — Tricur à alvéoles, de Marot.

nis de déchets, on renversait la table, qui alors se nettoyait seule. Avec une table de 1 m. carré on pouvait trier 10 hectolitres de grain en 12 heures de travail. Ces anciens trieurs furent perfectionnés par Vachon : ils étaient cylindriques ; l'arbre, tout en tournant, était animé d'un mouvement rectiligne alternatif ; aujourd'hui ces machines sont remplacées par les trieurs très perfectionnés de Marot, de Presson.

Ces machines sont formées en principe d'un cylindre dont l'axe est faiblement incliné sur l'horizon. Le cylindre est en feuille de zinc à alvéoles hémisphériques repoussés; dans le trieur Marot (qui remonte à 1858, au concours régional de Niort) il est formé d'un certain nombre de compartiments; le modèle n° 4 pour l'agriculture en comprend 3 (fig. 44). Les alvéoles sont très différents : ceux du premier compartiment, G, sont très grands, et le grain de blé peut y rester couché, mais l'avoine et l'orge, qui ne peuvent s'y placer que debout, en ressortent par suite du mouvement de rotation. De sorte qu'en tournant, les alvéoles du premier compartiment n'enlèvent et ne remontent que le blé et le reste du mélange sauf l'orge et l'avoine. Lorsque l'alvéole est arrivé à une certaine hauteur, son contenu s'en échappe et tombe sur un plan incliné qui aboutit à un conduit demi-circulaire H dans lequel se meut une vis d'Archimède Q. La vis emmène les grains et les déverse dans le second compartiment, K, par le trou Z. Les grains d'orge et d'avoine, qui n'ont pu être remontés par les alvéoles, descendent et arrivent à la fin du premier compartiment, d'où ils s'échappent par de très grandes ouvertures I.

Dans le second compartiment K, dit de reprise, les alvéoles sont plus petits (4 millimètres de diamètre). Les graines rondes, mélangées de petits grains de froment, sont remontées d'après le principe précédent; le mélange tombe dans la vis T, qui le conduit en dehors de la machine dans le coffre 1; le blé de semence, qui n'a pas été remonté, descend le deuxième compartiment et passe dans le troisième.

Le troisième compartiment est une sorte de crible (comme celui de Pernollet) dont les trous sont rectangulaires et perpendiculaires aux génératrices.

Le grain à trier est placé dans une trémie A; une

vanne inférieure B le fait écouler en quantité voulue sur un *émotteur* C : c'est un crible à grille auquel est

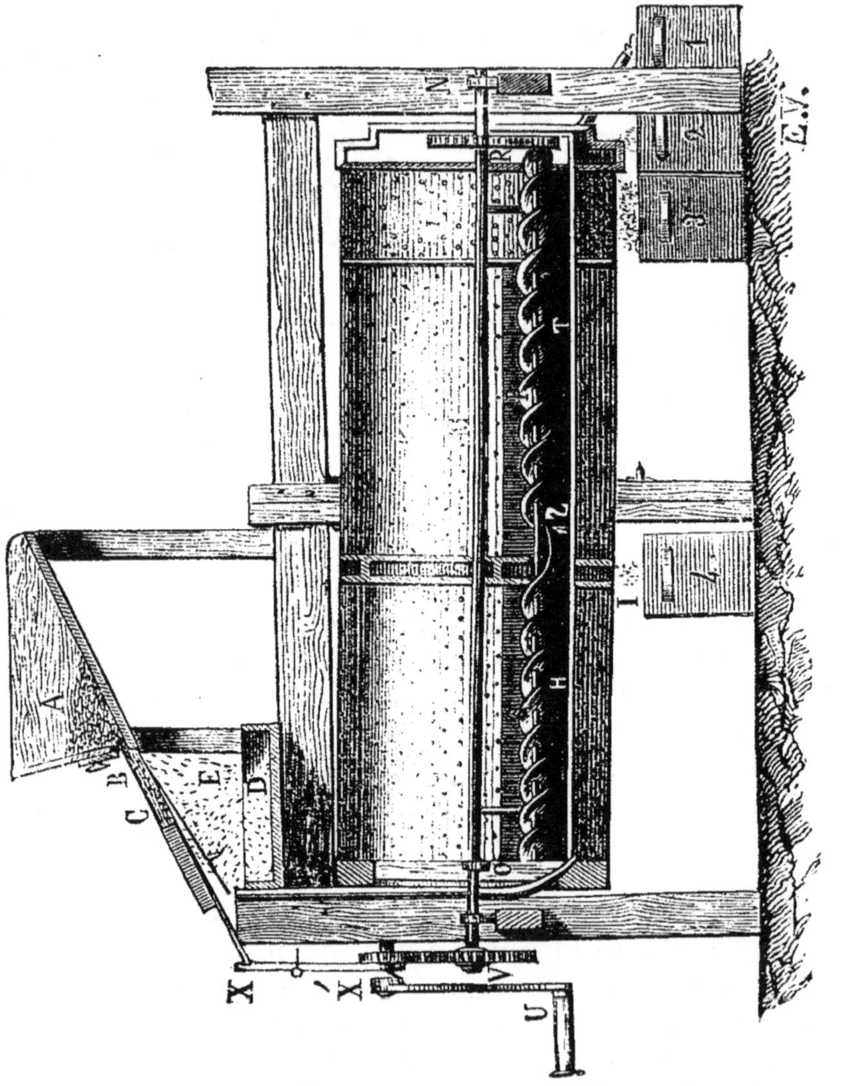

Fig. 44. — Coupe en long du trieur à alvéoles.

imprimée une série de secousses ; les pierres et les mottes de terre sont retenues par le crible et sortent latéralement. Sous cette première grille il y en a une seconde, ne laissant passer que la poussière E, qui tombe dans un tiroir D placé sous le crible. Les secousses sont données au crible par une roue X′ de 15 rochets montée sur l'arbre de la manivelle U. La manivelle fait 25 à 30 tours par minute, elle commande le trieur par un engrenage V (dans le rapport de 2 à 1); le cylindre fait 12 à 15 tours par minute. La vis fait 3 fois plus de tours que le cylindre, elle est menée par ce dernier au moyen d'engrenages intérieurs R placés du côté opposé à la manivelle.

Ainsi le trieur Marot sépare le mélange, en sus de l'émottage et des poussières, en plusieurs catégories dans les coffres suivants : 1° graines rondes; 2° froment de semence; 3° petit froment; 4° orge et avoine.

Dans les trieurs Clert, qui sont semblables, le crible n'est pas à secousses : il est à mouvement de va-et-vient, communiqué par un excentrique calé sur un arbre transversal qui est entraîné par deux roues d'angle, dont l'une est fixée sur l'arbre-manivelle; cet arbre est placé longitudinalement et commande le trieur par une courroie centrale.

Les trieurs à alvéoles ont des détails spéciaux pour modifier la pente du cylindre.

Lorsque les trieurs sont de grandes dimensions, on les fait en deux parties, afin d'en rendre le transport plus facile. Pour faire fonctionner l'appareil, on rapproche les deux parties, et la première, qui porte la trémie et la manivelle, entraîne la seconde soit avec un toc (système Marot), soit par une courroie, comme dans les machines de Clert. Ces trieurs en deux parties peuvent fonctionner réunis ou isolément.

Suivant leurs dimensions, les trieurs agricoles rendent de 1 1/2 à 6 hectolitres de grain à l'heure.

TRIEURS SPÉCIAUX.

On construit des trieurs pour des travaux spéciaux, tels que les *décuscuteurs*, qui sont chargés de séparer la cuscute des graines de trèfle et de luzerne. Ces trieurs sont à alvéoles spéciaux, comme dans le trieur Marot ; ou en forme de cribles à mouvements alternatifs, avec des gazes de soie, comme ceux de H. et G. Rose frères ; ou en cribles alternatifs en tôle ou zinc perforé, comme ceux de Fichot.

On fait des trieurs pour petits pois, haricots, lentilles, cafés, cacao. — Les brasseries et malteries emploient des trieurs à orge. Ces trieurs sont spéciaux ; ou l'on change aux trieurs ordinaires les parties travaillantes : tôles perforées ou alvéolaires.

CHAPITRE V

PRÉPARATION DES GRAINS

Les machines étudiées dans ce chapitre ont pour but de soumettre les graines à certaines manipulations, afin de les rendre plus digestibles pour les animaux. On a remarqué qu'une certaine partie du grain (avoine, orge, seigle, etc.) donné en nourriture n'est pas broyée par la mastication, et que cette partie traverse le tube digestif des animaux sans avoir été attaquée par les sucs intestinaux ; cette partie de la ration n'a donc pas produit d'effet utile et constitue en définitive une perte pour le cultivateur. Ce fait se constate facilement : on voit fréquemment ces grains germer et se développer sur les tas de fumier.

Les *aplatisseurs* servent surtout pour l'avoine employée à l'alimentation des chevaux. — On se sert aussi de ces machines pour préparer les graines à la mouture, pour préparer à la pression le lin et les autres graines oléagineuses; pour l'orge, le malt (brasseries et distilleries), etc. Le concassage des grains est une opération qu'il ne faut pas confondre avec le broyage. Par le concassage, on se propose de réduire une graine donnée en fragments plus ou moins nombreux sans qu'il y ait production de farine : la graine est cassée en plusieurs morceaux. Tandis que le broyage d'une graine se fait en déchirant les tissus externes et en réduisant le tout en pulpe ou en farine.

Le concassage s'effectue dans des machines appelées *concasseurs*. — Pour faire le broyage on emploie les *broyeurs* ou *moulins* qui donnent de la farine. Souvent la même machine peut faire les deux opérations suivant son réglage.

I. Aplatisseurs.

Pour aplatir les grains, il suffit de les soumettre à une pression déterminée. Cette pression ne doit pas être poussée trop loin, car on ferait de mauvais travail ; il faut seulement faire éclater les enveloppes et mettre l'amande farineuse du grain à découvert sans la broyer.

Les aplatisseurs sont formés en principe de deux roues à jantes larges et lisses formant rouleaux. En laissant passer les grains entre ces rouleaux suffisamment rapprochés, ils subissent une déformation : ils s'aplatissent.

Les rouleaux sont montés sur tourillons dans des coussinets ; l'un d'eux est moteur, il porte une manivelle (fig. 46) ou une poulie (fig. 45). Il faut que les rouleaux aient le même diamètre, pour dépenser le moins possible de travail mécanique. Tels sont ceux de Hunt et Tawel (fig. 46), de Ransomes. Mais la plupart des constructeurs les établissent avec des diamètres différents (fig. 45-51) ; dans ce cas la force motrice est appliquée sur la grande roue qui entraîne le petit rouleau par l'intermédiaire des grains.

Le rouleau conduit peut se rapprocher à volonté du grand rouleau, et, afin de laisser passage aux corps durs étrangers (pierres, bouts de fer, etc.) sans casser la machine, il peut s'écarter du grand, car il est monté avec un ressort de compression. Ce ressort est pressé en son centre par une vis horizontale

Fig. 45. — Aplatisseur de Wood et Cocksedge.

terminée par un petit volant; les deux branches du ressort appuient sur les coussinets du petit rouleau et le poussent vers le grand. Les coussinets du rouleau sont mobiles dans une glissière horizontale.

Au-dessus des rouleaux se trouve une trémie en bois (fig. 45) ou en tôle (fig. 46). L'arrivée de la graine est réglée par un petit cylindre distributeur qui tourne au fond de la trémie.

Des grattoirs fixes ou à contrepoids nettoient, en dessous, les jantes des rouleaux. Les grains aplatis tombent dans une goulotte en bois ou en tôle qui les rejette dans un panier.

Fig. 46. — Aplatisseur Hunt.

A bras, avec deux hommes, on peut aplatir une centaine de litres par heure; les grands aplatisseurs à vapeur peuvent traiter jusqu'à 15 et 20 hectolitres à l'heure.

II. Concasseurs.

Sans nous arrêter aux anciens et nombreux systèmes proposés comme concasseurs de grains, nous dirons que les machines actuelles peuvent se diviser en trois groupes :

1° Les concasseurs à cylindres ;
2° Les concasseurs à contre-plaque ;
3° Les concasseurs à plateaux.

1° CONCASSEURS A CYLINDRES.

Ces concasseurs se composent en définitive de deux cylindres montés sur axes horizontaux. Les cylindres sont garnis d'aspérités triangulaires en acier, en fer trempé, ou portent une série de cannelures en acier ; ces cannelures sont dirigées suivant le sens des génératrices du cylindre, ou mieux, comme dans quelques bons modèles, elles sont obliques par rapport à l'axe.

Au-dessus des cylindres se trouve une trémie dans laquelle on met le grain ; celui-ci descend par une ouverture inférieure que l'on règle à volonté, au moyen d'une vanne en tôle que l'on élève à l'aide d'une vis.

Dans les bonnes machines, la vanne en tôle est supprimée et l'alimentation se fait par un petit rouleau cannelé qui tourne au fond de la trémie, d'où chaque cannelure en extrait une certaine quantité de grain, qui est déversée entre les deux cylindres concasseurs. Il suffit de régler la vitesse du rouleau alimentaire pour régler la quantité de grain à concasser (fig. 47).

Un des cylindres concasseurs doit être mobile et doit pouvoir s'écarter de l'autre au passage des pierres et autres corps durs. — Un volant à vis et un ressort le maintiennent en place (fig. 48). (Voyez Aplatisseurs, page 95.)

Un des cylindres porte la manivelle motrice et le volant ; il commande l'autre par engrenage.

Dans le concasseur Millot (fig. 47), le cylindre conduit fait deux tours pendant que le cylindre moteur en fait un ; si l'on veut faire un second concassage donnant farine, on change de place la manivelle, et

Fig. 47. — Concasseur de grains à cylindres, de Millot.

le cylindre moteur fait deux tours pendant que le cylindre conduit en fait un. — Les deux cylindres ont le même diamètre et sont striés obliquement.

Dans le concasseur de Picksley Sims and C° (fig. 48), la manivelle motrice est calée sur le grand cylindre, qui a $0^m,148$ de diamètre ; elle commande le petit cy-

Fig. 48. — Concasseur à cylindres Picksley.

lindre (diamètre $0^m,066$) par un pignon de 10 dents et une roue de 29 dents : le petit cylindre fait donc un tour pendant que le grand en fait trois. Les cylindres sont en fer aciéré : les cannelures sont en forme de triangle rectangle de 2 à 3 millimètres de hauteur. D'après le nombre de cannelures et les vitesses relatives des cylindres, il passe une cannelure du petit cylindre pendant qu'il en passe 17 du grand.

En général, dans les concasseurs, le cylindre moteur fait trois tours pendant que le cylindre conduit en fait un.

2° Concasseurs a contre-plaque.

Dans ces machines il n'y a qu'un seul cylindre armé de dents ou de cannelures à bords tranchants, passant contre une partie fixe appelée contre-plaque, garnie elle-même de dents ou de stries. Les graines se prennent entre les dents des deux pièces et, entraînées par la pièce mobile, elles se concassent. La contre-plaque peut se rapprocher à volonté du cylindre, de façon à régler la finesse du concassage; elle est montée à ressorts afin de livrer passage aux corps durs qui, mêlés accidentellement aux graines, pourraient endommager la machine. Ces machines sont munies d'une trémie avec ou sans rouleau alimentaire.

Dans le concasseur Biddel, les arêtes en acier du cylindre sont amovibles; elles ont en section la forme d'un triangle équilatéral, et lorsqu'une arête est usée on démonte les fonds du cylindre, qui sont en fonte, et on déplace les barreaux en acier, de façon à faire travailler une arête non usée.

A la place d'un cylindre, M. Albaret emploie un cône placé horizontalement et garni de cannelures fines à vives arêtes suivant le sens de ses génératrices. Dans le concasseur « Eurêka », représenté figure 49, la noix conique est en fonte blanche excessivement dure et tourne dans une enveloppe de même matière et cannelée intérieurement, mais ces cannelures sont

Fig. 49. — Concasseur « Eurêka ».

en hélice afin de faire circuler la marchandise et d'en
faciliter le dégagement, qui se fait du côté de la

grande base. A gauche, on voit un petit volant à vis qui permet de régler l'écartement des noix et par conséquent le concassage, qui peut être plus ou moins fin. La machine est montée sur un bâti en bois dont la partie inférieure forme caisse, dans laquelle on met le grain par une porte à charnières, ainsi que le montre la figure 49. Une vis d'Archimède verticale remonte le grain de la caisse dans le concasseur; elle est mise en mouvement par une courroie passant sur deux galets. La vis tourne dans une enveloppe percée à la partie inférieure par où s'introduit le grain. La quantité remontée est donc toujours la même relativement à la vitesse de la noix. Une petite vanne placée à la partie supérieure du conduit permet de varier la section de ce dernier, afin de régler facilement la quantité de grain à concasser; le surplus retombe dans la caisse inférieure. La machine est mise en mouvement par une courroie. — Avec un serrage énergique, le concasseur « Eurêka » peut devenir broyeur et donner de la farine.

3° CONCASSEURS A PLATEAUX.

Ces machines se composent ordinairement d'un disque plan circulaire en acier ou en fonte trempée, dont la surface est garnie de stries triangulaires à arêtes vives dirigées obliquement par rapport aux rayons. Ce disque est monté sur un arbre horizontal et tourne en face d'un autre semblable, mais qui est fixe. Une trémie (fig. 50), avec une vanne réglable à volonté ou munie d'un rouleau alimentaire, fait déboucher le grain à concasser au centre du disque fixe. Le disque mobile peut se rapprocher ou s'éloigner de la partie fixe au moyen d'une vis à volant ou d'un écrou. L'ensemble est enfermé dans une enveloppe cylindrique, et la matière concassée sort à la partie inférieure.

Fig. 50. — Concasseur à plateau de Hunt.

Certains concasseurs sont montés sur une caisse, une table, ou un bâti quelconque. On en fait dits « d'applique », destinés à être boulonnés sur un poteau d'écurie ou scellé contre un mur.

Souvent on monte sur un même bâti un aplatisseur et un concasseur (fig. 51). Dans ce cas, le plateau du concasseur est claveté sur l'arbre du grand tambour de l'aplatisseur qui porte la manivelle ou les poulies.

Fig. 51. — Concasseur et aplatisseur de Wood et Cocksedge.

Travail des concasseurs.

Le travail mécanique dépensé par les concasseurs dépend de la nature et de l'état des graines, mais surtout du degré de finesse du concassage. On n'a pas de documents très précis à cet égard.

Les chiffres suivants sont relatifs au concassage

de l'avoine avec des concasseurs à deux cylindres de
même diamètre et fonctionnant à bras :

Cylindres de $0^m,10$, débit 60 à 100 litres à l'heure.
   — $0^m,15$ —   80 à 140   —
   — $0^m,20$ —   120 à 180   —

Voici, d'après M. Hervé-Mangon, le travail mécanique moyen exigé pour concasser un kilogramme
de grain (concours d'Oxford) :

NATURE DU GRAIN	KILOGRAMMÈTRES DÉPENSÉS PAR KILOG. DE GRAIN AVEC LES BROYEURS-CONCASSEURS	
	A BRAS	A VAPEUR
Avoine	932	1380
Fèves	454	484
Graines de lin......	1812	1832

III. Moulins à farine.

L'origine de l'art de la meunerie remonte assez
loin dans l'antiquité. Le besoin de consommer les
grains sous forme de farine amena la construction
et l'établissement des moulins. Les premiers, si l'on
en croit les descriptions d'Homère et de Moïse,
étaient composés de deux petits cylindres en pierres
dures, que des femmes ou des esclaves mettaient
en mouvement à l'aide d'un bâton. La Bible nous

apprend que Samson, prisonnier chez les Philistins, fut employé à tourner la meule.

L'usage des moulins fut mis en pratique par les Romains, après la conquête de l'Asie ; ils se servaient d'esclaves, qui peu à peu furent remplacés par des ânes. On conçoit qu'avec une telle force motrice les moulins de l'époque produisaient peu de farine. C'est le célèbre architecte romain Vitruve qui parle le premier de moulins mus par l'eau, remontant à Mithridate le Grand, roi de Pont (123-65 av. J.-C.). Ce n'est que du temps d'Arcadius, empereur d'Orient (395-408), que les moulins à eau s'établirent à Rome, sur le Tibre ; de là ils se répandirent en Italie, puis en Gaule et sur tout le continent.

Les moulins fonctionnant à l'aide du vent, et dont les rares spécimens actuels tendent de plus en plus à disparaître, ont une origine plus récente que les moulins hydrauliques ; ils étaient répandus en Orient, d'où ils furent importés en Europe peu avant l'époque des croisades (xii° et xiii° siècles). Ils se propagèrent d'abord dans la Pologne, le sud de la Russie et la Hongrie.

Les moulins à vent, ainsi que ceux à eau, établis d'une façon rudimentaire, existent encore dans nos campagnes, mais ils sont abandonnés peu à peu devant les progrès des grands moulins industriels. Ceux-ci, puissamment aidés par les chemins de fer, exportent au loin leurs produits. Ils sont mus par un moteur hydraulique aidé ou remplacé, à l'époque des basses eaux, par une machine à vapeur ; d'autres, moins économiques, sont actionnés par la vapeur seule, dont l'emploi dans la meunerie paraît remonter à 1789 (Angleterre).

Ici, dans ce petit livre, nous ne parlerons pas de ces grands moulins, de leurs procédés perfectionnés de mouture ni de leur matériel, quoique cette question, importante au point de vue social, soit à l'ordre du jour et passionne beaucoup d'ingénieurs et d'écrivains. Nous nous bornerons à parler modestement des machines servant à produire la farine nécessaire et consommée dans la ferme.

La plupart du temps on est obligé d'envoyer moudre le grain de consommation aux moulins du pays ; ceux-ci se payent en retenant une certaine quantité des produits obtenus, de sorte qu'il y antagonisme entre le meunier et l'agriculteur. Ce dernier n'est jamais sûr de retrouver la quantité de farine correspondante au grain qu'il a donné.

Lorsqu'il y a un certain nombre de bouches à nourrir dans la ferme, on a avantage à y faire la farine, surtout quand on dispose d'un manège ou d'un autre moteur.

La réduction en farine ne s'opère que sur des grains parfaitement nettoyés, c'est-à-dire passés au tarare et au trieur. Les blés durs ont besoin d'être ramollis avant de passer au moulin. Le mouillage s'effectue dans un cylindre en tôle pleine faiblement incliné et tournant très lentement (2 à 3 tours par minute), ou dans une rigole en tôle demi-cylindrique dans laquelle se meut une vis d'Archimède. Le blé arrive par une extrémité en même temps qu'un robinet laisse couler un filet d'eau. Dans le mouilleur de H. et G. Rose frères, le blé tombe sur une roue à augets qui actionne une noria, de sorte que l'eau ajoutée est toujours proportionnelle au poids du grain. On mouille de 1 à 3 0/0 du poids du blé ; celui-ci reste 2 ou 3 jours avant d'être moulu.

Dans les moulins bien montés on comprime légèrement le blé avant de le livrer aux meules ; le *comprimeur* est à rouleaux de porcelaine, mais les aplatisseurs que l'on emploie dans les fermes en jouent parfaitement le rôle, et leur usage dans la mouture agricole est à recommander.

Les moulins à meules de pierre (meulière) ne sont pas à conseiller dans les exploitations agricoles, car, au bout de 6 à 7 jours de travail, les sillons qui y sont taillés se sont émoussés; il faut en raviver les

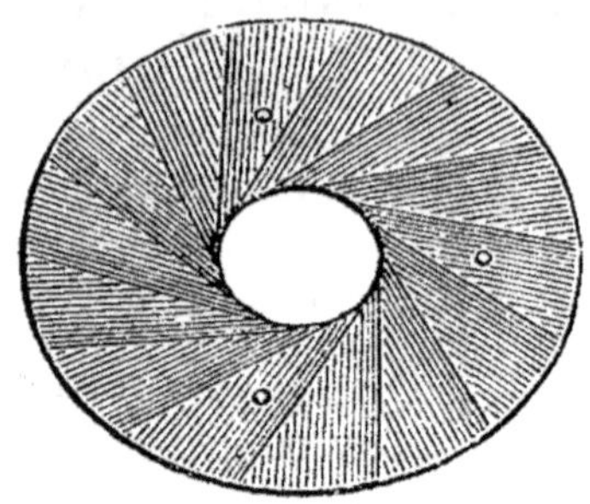

Fig. 52. — Meule en acier des moulins de Woods.

arêtes à coups de marteau; ce taillage, qui constitue le *rhabillage* de la meule, exige des ouvriers spéciaux et adroits. Dans les grands moulins on a recours à des machines à rhabiller dont le burin est formé par un diamant noir.

Les moulins agricoles sont donc à meules métalliques; ces meules sont striées (fig. 52), et si elles sont de bonne qualité, elles peuvent marcher très longtemps; après leur usure, leur changement se fait à peu de frais.

En principe, ce sont des concasseurs à denture fine et à pièces très rapprochées.

Dans le petit moulin de Woods. dit « la Petite Merveille » de H. T. Mot et Cie, l'arbre de la meule est vertical et se termine par un volant à manivelle, en dessous duquel se trouve une trémie. L'ensemble est monté sur 3 pieds, qui se vissent sur une table. Ce

modèle peut faire 10 litres de farine fine à l'heure.
Les figures 53 et 54 représentent le moulin « Géant »

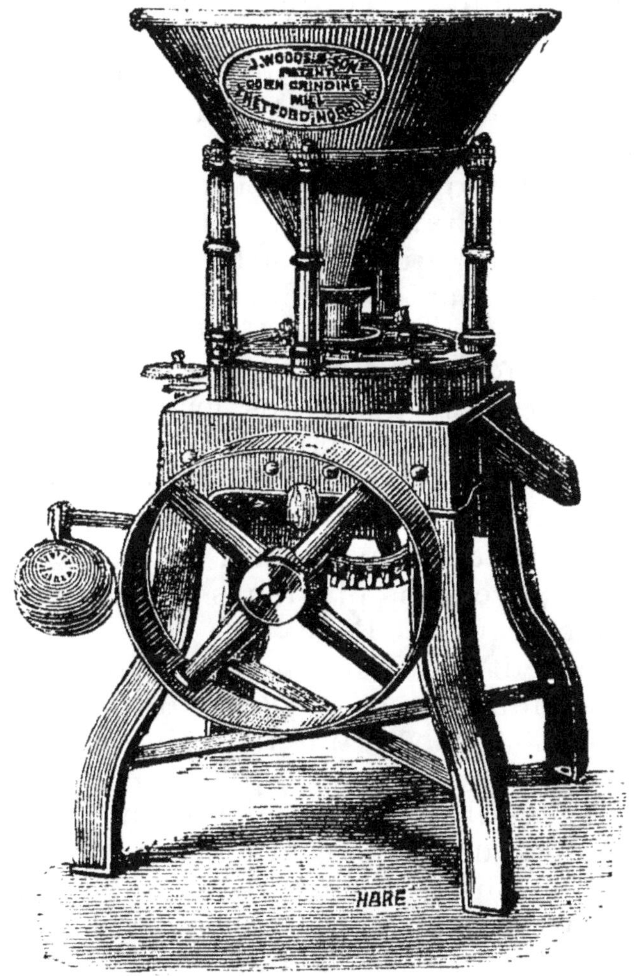

Fig. 53. — Moulin « le Géant » de Woods.

du même constructeur. Il se compose de 2 plateaux-
meules en fer aciéré. La meule supérieure est *fixe*
et le grain pénètre par une ouverture centrale ; la

meule inférieure est *mobile* et est montée à l'extrémité de l'arbre vertical, qui est commandé par l'arbre horizontal au moyen d'un engrenage d'angle. L'arbre vertical est poussé vers le haut par un levier à contrepoids que l'on voit sur la gauche du dessin; la pression exercée par le plateau mobile se règle en éloignant plus ou moins la boule en fonte; celle-ci cède lorsqu'un corps dur étranger s'introduit entre les plateaux. Une tige filetée porte un petit volant horizontal qui sert à limiter la course du levier et permet par suite de régler l'écartement des meules. La partie supérieure est occupée par la trémie, dont le fond est muni d'une toile métallique; une vanne règle le débit des grains à broyer. L'ensemble est fixé sur un bâti en fer ou en fonte.

Ces moulins peuvent être montés sur roues et devenir locomobiles : ils servent alors aux entrepreneurs pour la location ou aux personnes qui ont du grain à moudre dans plusieurs fermes différentes.

Le concasseur « Eurêka » d'Albaret (fig. 49, page 102) peut servir à faire la farine.

Dans le moulin « américain » de Th. Pilter, représenté figure 55, on voit que le grain est placé dans une trémie supérieure; de là il passe dans la noix conique par la petite base et sort moulu par la grande base. En dessous de la trémie se trouve une sorte de crible à secousses. A sa sortie, la marchandise tombe dans un séparateur qui sert de blutoir : c'est un crible à secousses dont le fond est formé par une gaze en soie.

Dans le moulin à farine de Japy frères et Cie, le grain, en sortant de la trémie, tombe sur une table à secousses et pénètre dans le moulin, qui est composé d'une noix cylindro-conique cannelée, tournant dans une enveloppe cannelée intérieurement, égale-

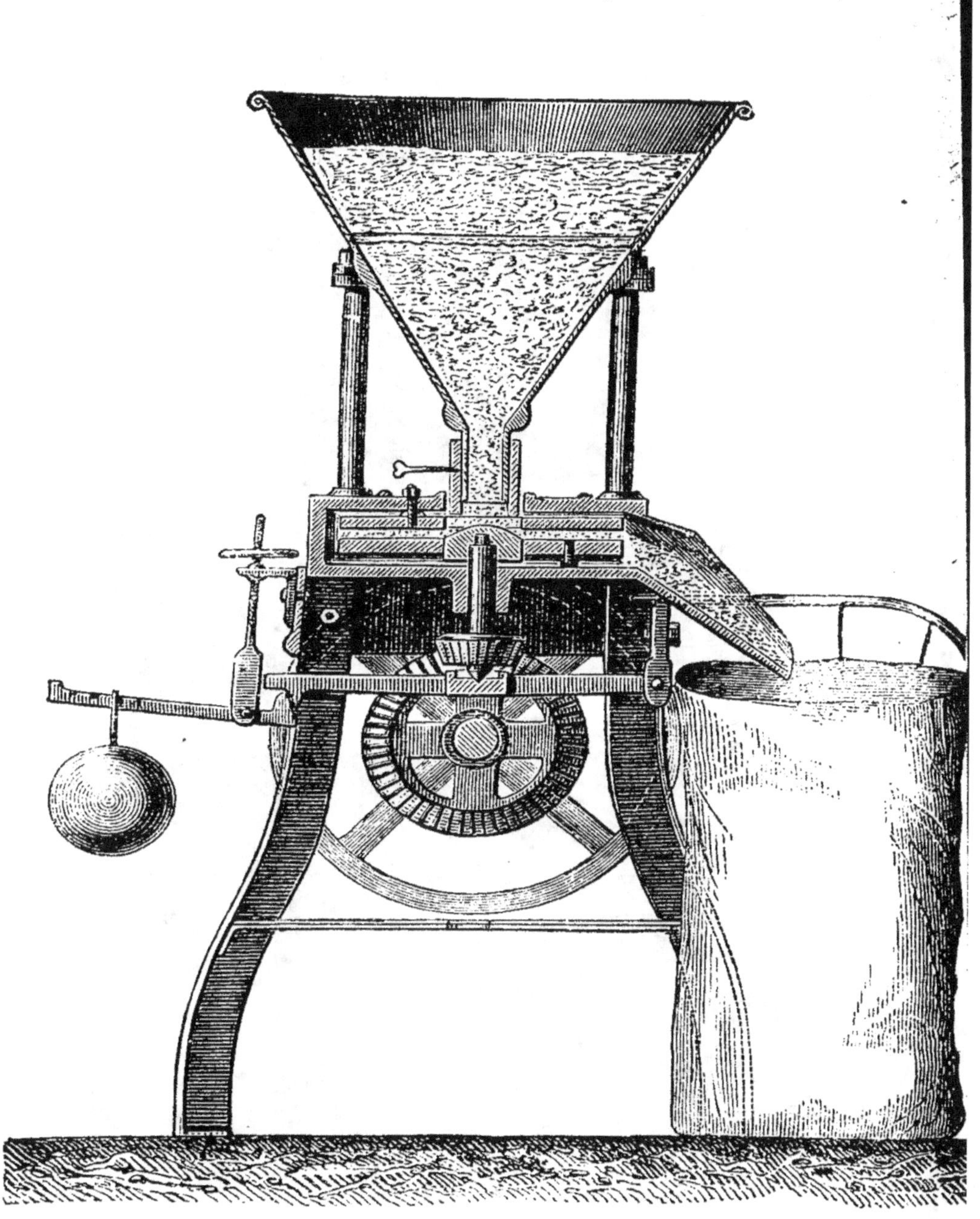

Fig. 54. — Coupe du moulin « le Géant ».

ment animée d'un mouvement de rotation. A la sortie
du moulin, la marchandise tombe dans un blutoir

Fig. 55. — Moulin américain de Barford et Perkins.

qui la sépare en farine première, farine seconde et
son. Ce moulin peut se transformer en concasseur.

Souvent on emploie des moulins à plateaux verticaux; ceux-ci se rapprochent du type représenté figure 50.

La marchandise qui sort du moulin s'appelle *boulange*; c'est le mélange de la *farine* et des couches corticales du grain, c'est-à-dire du *son*.

Fig. 56. — Blutoir.

La boulange doit avoir une température excédant de 1 à 3° celle de l'air ambiant; si elle est plus élevée, il y a échauffement, perte d'arome et production de *folle farine* : on est obligé de rafraîchir la boulange, ce qui dans les grands moulins se fait à l'aide de machines particulières.

La séparation du son et de la farine s'effectue dans

les *blutoirs*, qui furent inventés vers 1552. Ces machines (fig. 56) sont formées par de grandes carcasses en bois à 6 ou 8 faces appelées *bluteaux*. L'ensemble prismatique est légèrement incliné et fait 25 à 30 tours par minute. Des étoffes en gaze de soie T, T′, T″ sont tendues sur les faces; les plus fines, T, ont 50 fils par centimètre carré; les plus grosses n'en ont que 10. Pour les sons, les cadres sont tendus avec de l'étamine de laine. La boulange pénètre en B par l'ouverture supérieure du bluteau; la farine la plus fine traverse les premières gazes et tombe dans le premier compartiment C, tandis que les gruaux les plus lourds et les plus volumineux ne sortent que plus loin en C′, C″, etc.; le son, qui est une matière très légère, sort à l'extrémité du blutoir.

Les sons retiennent encore 3 à 4 0/0 de farine. Dans les grands moulins on enlève cette farine par un brossage qui s'effectue dans une machine spéciale.

TRAVAIL DES MOULINS.

La conversion du blé en farine se fait par diverses méthodes, qui sont désignées sous les noms de *mouture économique* ou *française*, de *mouture haute* ou *anglaise* et de *mouture à gruaux*.

Les moutures économiques et à gruaux exigent plusieurs passages du grain sous les meules, et à chacun correspond un passage au blutoir ou au sasseur. Ce ne sont donc pas ces systèmes de mouture dont on fait usage dans les exploitations agricoles. On se borne à employer la *mouture haute*, appelée encore mouture anglaise (quoique originaire d'Amérique, elle nous est arrivée par l'Angleterre).

Par cette méthode, qui convient surtout pour les blés durs et demi-durs, la farine est produite en un seul passage entre les meules, qui sont très rapprochées, afin d'éviter la production du gruau. La boulange est envoyée dans un blutoir qui classe les produits en différentes qualités. Les meules doivent avoir une vitesse à la circonférence de 7 à 8 mètres par seconde.

100 kilogrammes de blé nettoyé donnent en moyenne :

Farine à pain blanc..............	60 kilogr.
Farine à pain demi-blanc.......	14 —
Son gros et menu......	24 —
Déchets	2 —
Total..	100 kilogr.

D'après plusieurs documents, on peut admettre qu'il faut par moulin (paire de meules), y compris le nettoyage et le blutage, une force de 2 1/2 chevaux-vapeur ; le travail correspondant est de 15 à 16 hectolitres de blé en vingt-quatre heures, produisant 60 à 63 0/0 de farine première, soit 20 à 22 kilog. par force de cheval et par heure. Pour les manutentions militaires, les meules sont très écartées et le nettoyage et le blutage peu parfaits ; chaque paire de meules moud de 30 à 32 hectolitres en vingt-quatre heures et exige, avec tous les accessoires correspondants, une force de 3 1/2 chevaux-vapeur. Le rendement revient à 28 ou 30 kilog. de farine par force de cheval et par heure.

Nota. — L'étude des *Pétrins mécaniques* se trouve dans le 3e volume.

CHAPITRE VI

PRÉPARATION DES FOURRAGES

Les fourrages subissent dans la ferme différentes préparations, soit en vue de leur vente, soit en vue de leur consommation par le bétail.

Au point de vue de la vente, les foins et la paille sont mis en bottes à la main ou à l'aide de machines spéciales appelées *botteleuses*.

Afin de faciliter leur transport ou d'augmenter leur conservation, on comprime les fourrages dans des *presses à fourrages*.

Pour l'alimentation du bétail, les fourrages sont coupés en fragments de longueur déterminée à l'aide de *hache-paille*.

Certains fourrages exigent des machines spéciales : *broyeurs d'ajonc*.

I. Botteleuses.

Le foin et la paille se vendent en bottes d'un poids déterminé. Dans beaucoup d'exploitations rurales, ces fourrages se mettent en bottes afin de faciliter leur distribution journalière.

Le bottelage se fait à la main ; mais, comme il faut

des ouvriers exercés et habiles pour obtenir des
bottes de poids sensiblement égal, on peut faire le
travail à l'aide d'une machine.

La botteleuse de P. Guitton (fig. 57) se compose

Fig. 57. — Botteleuse à bascule, de Guitton.

d'un berceau demi-cylindrique équilibré par un poids
que l'on déplace sur un levier, afin de régler le poids
de la botte à faire. L'ouvrier pose en travers du
berceau les liens au nombre de 1 à 3, puis il remplit
de foin ; lorsque l'équilibre du berceau est obtenu,
l'ouvrier recourbe des ressorts, les accroche à une

pédale et serre la botte à l'aide du pied, puis confectionne le lien correspondant. La figure 57 représente une botteleuse-peseuse à 2 ressorts, celui de droite étant accroché à la pédale; certaines de ces botteleuses sont simples, sans appareil de pesage. Avec ces machines, presque toutes portatives, on peut employer des liens en paille, fourrage, rotin, corde, alfa ou fil de fer; le volume de la botte est réduit au tiers environ du bottelage à la main.

II. Presses à fourrages.

Le foin est une marchandise transportable au loin, à la seule condition qu'il soit ramené à une densité telle, qu'on puisse l'expédier par wagon, à pleine charge, afin de bénéficier des tarifs.

L'utilité des presses à fourrage est admise depuis longtemps. L'extension de la culture fourragère donne un intérêt particulier aux machines qui permettent la conservation prolongée des fourrages et leur exportation à de grandes distances: de telle sorte qu'on peut faire venir le fourrage des contrées où il est abondant et à bas prix et approvisionner ainsi les grandes villes, les compagnies de voitures et d'omnibus, l'armée. etc.

Par la compression on évite la perte des grains, les moisissures, les incendies; enfin les fourrages comprimés conservent leur arome, leur coloration et leur valeur nutritive [1].

---

1. Les presses à fourrage servent aussi à comprimer d'autres matières que le foin ou la paille : le coton, la laine, les étoffes, l'alfa, les chiffons, les papiers. la filasse, les varechs, la mousse, etc.

Il faut ramener le fourrage à une densité de 300 kilog. au mètre cube.

Les premières presses à fourrages, employées depuis longtemps pour les besoins des colonies, étaient des presses hydrauliques qui comprimaient des bottes de foin faites à l'avance.

Les presses actuelles peuvent se ramener à deux types :

1° Celles qui compriment d'un seul coup la masse du foin devant former une balle ;

2° Celles qui compriment le fourrage par couches successives de faible épaisseur.

1° Presses comprimant la balle d'un seul coup.

C'est dans cette catégorie que se rangent toutes les presses fonctionnant à bras. Elles se composent en principe d'une caisse parallélépipédique en bois, fortement cerclée de fer, dans laquelle on met toute la charge de foin. Un fond mobile ou piston effectue la compression.

Lorsque la balle est comprimée, on l'entoure de liens en fils de fer recuit, attachés par des agrafes. On emploie ordinairement du fil n° 16 pour les liens et du n° 23 ou 24 pour les agrafes.

Le piston peut se mouvoir dans le plan vertical (presses de Guitton, de la compagnie américaine « Hercules Lever Jack », de Wohl, de Millot, etc.), soit en s'abaissant et en comprimant contre le fond inférieur de la caisse, soit en s'élevant et en comprimant contre le fond supérieur (Guitton, 1886 ; Millot). Dans certains cas, la pression est centrale et il y a deux pistons qui se rapprochent l'un de l'autre en comprimant le fourrage. Dans ces presses la manœuvre a lieu, le plus ordinairement, avec des leviers agissant sur une roue à rochets qui commande un treuil, sur lequel s'enroulent les chaînes attachées au piston.

Dans les presses à piston horizontal (Albaret, Guitton) [fig. 58], le mécanisme est à vis ou à crémaillère (fig. 58), entraîné par des roues dentées.

Fig. 58. — Presse à fourrage à bras, de Guitton.

Ces presses horizontales sont discontinues : lorsqu'une balle est pressée, on arrête le mouvement du piston, et, pendant qu'un ouvrier fait la ligature, un autre met une nouvelle charge de foin en arrière du piston. Au commencement de la pression suivante, la botte précédemment ligaturée est enlevée de la presse par des portes spéciales.

Les presses à bras permettent d'obtenir des densités de 240 kilog. pour le foin et de 200 kilog. pour la paille. Avec ces machines, 2 hommes peuvent comprimer près de 6000 kilog. de foin par jour.

Dans la presse horizontale de Laporte aîné, le piston est poussé alternativement dans chaque sens par une presse hydraulique mue à bras à l'aide de leviers, ou au moteur au moyen de poulies.

2° PRESSES COMPRIMANT LA BALLE PAR COUCHES.

Comme le foin transmet mal la pression, on a été conduit à employer des machines comprimant la

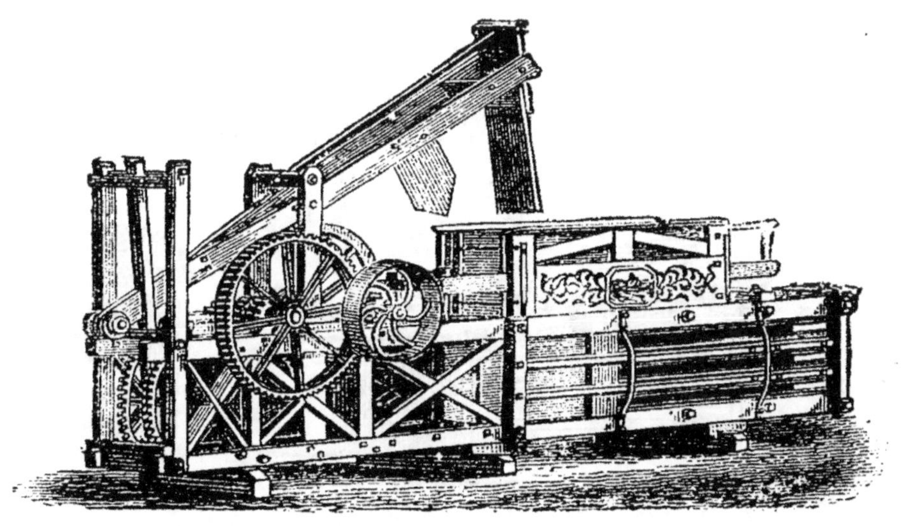

Fig. 59. — Presse à fourrage la « Dédérick ».

balle par couches successives de 2 à 3 centimètres d'épaisseur. On arrive ainsi à obtenir des densités considérables. Nous ne donnons que les deux principales machines se rapportant à cette catégorie.

La « Dédérick » (fig. 59), construite en France par M. Albaret, se compose d'une caisse horizontale à section carrée, dans laquelle se meut un piston en bois animé d'un mouvement alternatif commandé par une manivelle. Au-dessus se trouve une trémie d'alimentation représentée dans les coupes en long de la caisse et du piston (fig. 60 et 61). Le foin mis dans

Fig. 60. — Coupe de la caisse avant la compression.

la trémie descend verticalement, poussé par une planche fixée à l'extrémité d'un levier oscillant. Lorsque le fourrage est enfoncé (fig. 60), le levier se

Fig. 61. — Coupe de la caisse pendant la compression.

Fig. 62. — Portion de balle comprimée à chaque coup de piston.

relève dans la position représentée figure 59 ; à ce moment le piston agit et comprime la portion introduite (fig. 61), en la serrant contre la partie déjà pressée ; des crans à ressorts maintiennent le foin serré pendant le retour du piston. Les balles sont ainsi composées d'une série de couches repliées sur elles-mêmes (fig. 62) et comprimées isolément.

C'est la résistance à l'écoulement du foin dans le conduit prismatique qui détermine le degré de compression ; des boulons permettent de rétrécir la

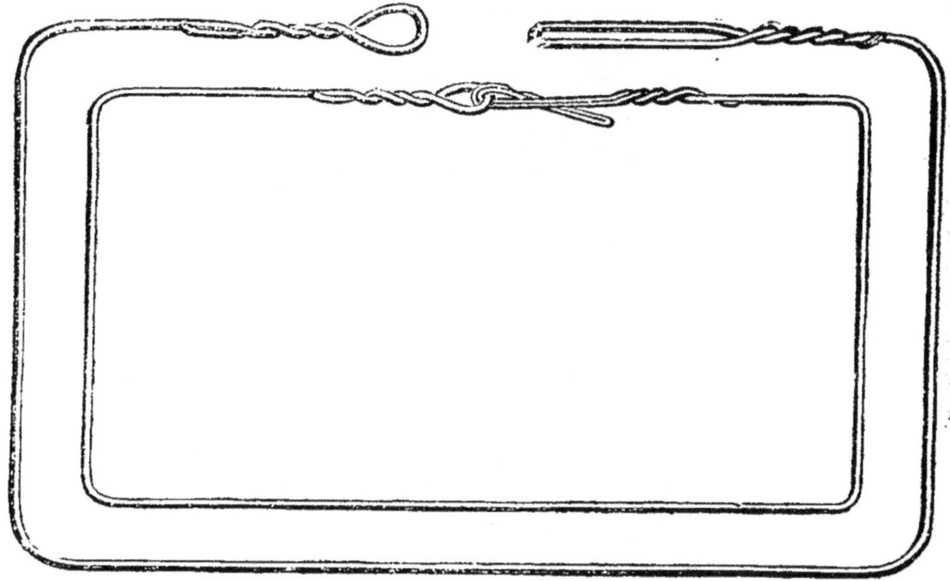

Fig. 63. — Liens en fils de fer pour balles parallélépipédiques.

section à l'extrémité du conduit. Des plateaux de bois intercalés dans le jeu de la machine suffisent pour limiter la longueur des balles au moment convenable. La ligature se fait avec des fils de fer bouclés (fig. 63), pendant que le foin traverse le conduit, et cela sans aucun arrêt dans la marche de la machine. Les balles atteignent une densité de 350 à 400 kilog. au mètre cube ; leur forme parallélépipédique (fig. 64) permet un magasinage facile sans aucun espace nuisible, ce qui est un avantage pour le chargement des bateaux et des navires. La Dédérick, mue par une machine à vapeur de 4 chevaux, peut travailler 1000 kilog. de foin à l'heure.

Dans d'autres presses analogues à la précédente (Tritschler, Albaret), le piston est poussé par une flèche à laquelle on attache des chevaux ou des

Fig. 64. — Balle de foin comprimé.

bœufs qui marchent alternativement dans un sens ou dans l'autre, en faisant à chaque fois un peu plus d'un demi-cercle. Lorsque le piston est arrivé à la fin de sa course, il est abandonné par le mécanisme et revient à son point de départ par la réaction du foin pressé. D'après M. Sciama, avec une paire de bœufs, trois hommes et un enfant servant de conducteur, on fait facilement 6 balles de 50 kilog. à l'heure ; l'emballage revient à 0 fr. 80 ou 0 fr. 75 les 100 kilog.

La presse Mabille-Pilter (fig. 65) se compose d'une table horizontale sur laquelle on jette le foin, qui est entraîné dans un double entonnoir, où il est saisi par deux cônes qui le disposent en spires successives contre un piston tournant, dont la tige est serrée par un frein qui règle la première pression. Lorsque le chargement est fait, le mouvement des cônes et du piston est arrêté, puis ce dernier est poussé par une vis horizontale qui donne ainsi la seconde pression ; à ce moment, on ligature la balle, qui est cylindrique,

Fig. 65. — Presse à fourrage de Pilter.

de 0^m,65 de diamètre et 1 mètre de hauteur environ.

Ces balles pèsent de 90 à 110 kilog. Leur forme cylindrique permet de les rouler et de les charger avec la plus grande facilité, mais laisse des intervalles entre les bottes. Cette presse, mise en mouvement par un manège à 2 chevaux, donne 4 balles à l'heure.

Quoique la machine comprime par couches successives, on voit que son travail est intermittent.

III. Hache-paille.

Ces machines sont aujourd'hui d'un usage courant dans les exploitations agricoles, où elles rendent de grands services. La paille ou le foin hachés, mélangés avec des racines ou des tubercules débités au coupe-racines (voy. chapitre VII), donnent une ration alimentaire économique, très assimilable. Le hachage permet de faire consommer des fourrages peu agréables au goût en les mélangeant avec d'autres de meilleure qualité. Employée comme litière, la paille hachée absorbe, à égalité de poids, une plus grande quantité de purin que la paille non coupée : c'est un avantage à considérer surtout pour les écuries urbaines. Enfin, dans certaines exploitations agricoles, on se sert depuis quelques années de ces machines pour couper (à la fin de l'automne) le maïs vert destiné à l'ensilage pour la consommation d'hiver.

Les distilleries, sucreries, féculeries, etc., emploient aussi ces machines pour mélanger la paille hachée avec les pulpes, et transformer ainsi les résidus de ces usines en aliments propres à l'entretien et à l'engraissement du bétail. On les utilise encore dans

certaines industries, notamment dans les fabriques
de papier de paille.

Les machines employées au hachage des produits
végétaux prennent suivant leur destination les noms
de hache-paille, hache-maïs, hache-ajonc, etc. Elles
ne diffèrent que par quelques détails de construction ; mais en principe elles se composent toutes d'un
volant (fig. 66 et suiv.) dont un, deux ou trois rayons

Fig. 66. — Petit hache-paille sur colonne, de Mot.

sont occupés par des lames courbes à tranchant très
affilé, le plus ordinairement convexe, mais quelquefois concave. Ces lames passent à frottement doux
devant une bouche métallique par laquelle sortent
les fourrages. La bouche a une section rectangulaire
dont le petit côté est vertical. Les fourrages sont

poussés avec un avancement régulier et correspondant à la vitesse des couteaux ; ils sont entraînés par
un laminoir formé de deux cylindres cannelés ou

Fig. 67. — Hache-paille à bras, Peltier (A. Senet).

dentés, en arrière desquels et horizontalement se
trouve une longue trémie d'alimentation. La partie
supérieure de la bouche est mobile et porte un des
cylindres alimentaires ; elle tend à descendre sous
l'action d'un contrepoids et comprime la masse du
fourrage, ce qui permet d'obtenir une section de
coupe très nette. Le contrepoids est à l'extrémité du
levier horizontal ou oblique ; il se trouve placé en

dessous de la machine (fig. 67) ou en dessus de la trémie (fig. 68) ; le cylindre supérieur reste toujours horizontal, quel que soit son mouvement dans le plan vertical.

Dans la disposition d'Albaret avec le contrepoids supérieur (fig. 68), l'homme qui alimente la machine peut très rapidement, en cas d'accident, soulever le contrepoids et, par conséquent, empêcher l'avancement des matières à couper sans arrêter pour cela la marche du volant. Certains hache-paille n'ont qu'une bouche fixe ; cette disposition n'est pas recommandable, elle peut servir au plus aux tout petits modèles.

Malgré les mouvements d'élévation ou d'abaissement, le rouleau alimentaire supérieur doit tourner constamment afin de faire avancer les fourrages. On emploie à cet effet plusieurs systèmes de transmission de mouvement.

Dans les hache-paille Albaret le rouleau supérieur est entraîné par le rouleau inférieur et en sens contraire, au moyen d'une chaîne Galle (qui s'enroule sur les deux poulies dentées, calées sur les arbres des rouleaux) tendue par un galet fixé à la partie supérieure. Ce galet peut se déplacer, afin de régler la tension de la chaîne suivant son usure. C'est une excellente disposition.

Lorsque le rouleau inférieur commande directement le rouleau supérieur, les engrenages sont à dents très longues et à grand jeu, afin que l'entraînement ait lieu malgré l'écartement des axes.

Dans certains hache-paille , les engrenages de commande sont à une extrémité du bâti, et celui qui met en mouvement l'axe du rouleau supérieur y est relié par un arbre intermédiaire à joints à la cardan. De sorte que, lorsque le rouleau supérieur se

Fig. 68. — Hache-maïs à moteur, Albaret.

déplace verticalement, l'arbre intermédiaire s'incline et la commande a toujours lieu.

Dans la plupart des hache-paille, le mouvement de rotation des rouleaux alimentaires est continu; dans certains modèles il est intermittent.

Lorsque le mouvement est continu, les fourrages avancent pendant la coupe et se compriment sur la lame, en créant ainsi une résistance de frottement qui exige évidemment une certaine quantité de travail mécanique.

Lorsque le mouvement est intermittent, les fourrages avancent par saccades et tout d'un coup de la quantité voulue, pendant le temps que le couteau n'est pas devant la bouche ; puis au passage des lames le fourrage reste immobile. Cette disposition ne s'emploie pas trop, malgré ses avantages au point de vue de l'économie du travail moteur. L'entraînement des rouleaux se fait par des leviers articulés et des bielles mises en mouvement par l'arbre du volant et commandant des roues à rochets placées sur les axes des cylindres alimentaires.

L'entraînement continu des rouleaux alimentaires se fait par engrenages.

Dans la plus simple disposition, l'arbre du volant porte un filet de vis qui engrène avec 2 roues dentées opposées, l'une supérieure et l'autre inférieure, fixées sur les axes des rouleaux alimentaires respectifs (fig. 66 et 67).

Il faut que l'on puisse changer la longueur de coupe, c'est-à-dire faire varier le rapport de la vitesse du volant à celle des cylindres alimentaires, ce qui permet, avec une seule machine, de couper les fourrages à des longueurs différentes, suivant les usages auxquels ils sont destinés.

Il ne faut pas chercher à couper avec un hache-paille un très grand nombre de longueurs différentes. Avec 4 longueurs, nous pensons que c'est suffisant; ainsi un bon hache-paille coupera les fourrages en fragments de :

$0^m,01$ pour les mélanges fermentés de racines.
$0^m,02$ —   —
$0^m,04$ pour les mélanges de fourrages.
$0^m,08$ pour les litières.

On peut avoir pour cela 4 jeux différents d'engrenages. Une excellente disposition est celle des machines de M. Albaret; ces hache-paille sont à 2 lames et l'arbre du volant commande l'arbre intermédiaire des rouleaux par deux trains d'engrenages droits, l'un simple, l'autre double, pouvant être rendus à volonté fixes ou fous par le déplacement d'un boulon. Un des engrenages donne la coupe à $0^m,01$, l'autre à $0^m,04$; puis, en supprimant une lame, avec la première disposition on coupe alors à $0^m,02$, avec la seconde on coupe à $0^m,08$. Lorsque l'on supprime une lame, on la remplace par un contrepoids soigneusement calculé, que l'on boulonne à la jante du volant, afin d'en maintenir la marche régulière.

Dans certains hache-paille (H. Lanz) l'arbre du volant porte un pignon qui peut se déplacer horizontalement, de façon à engrener avec une des 4 couronnes dentées, d'un plateau calé sur l'axe du rouleau inférieur.

D'autres fois la longueur de coupe s'obtient en déplaçant ou en changeant les roues d'engrenage; ce système est évidemment compliqué. Dans les hache-paille à mouvement intermittent, la longueur de coupe se règle en faisant varier la course des bielles.

Dans les grands hache-paille, le fond de la trémie est formé par une chaîne sans fin mise en mouvement par la machine (fig. 69, 71), de sorte que l'entraînement des fourrages est automatique : l'ouvrier n'a plus qu'à remplir la trémie.

Les hache-paille sont d'un maniement très dangereux pour les ouvriers qui étalent les fourrages

Fig. 69. — Grand hache-paille de Samuel Edwards.

dans la trémie; leur main peut se prendre entre les cylindres alimentaires. A cet effet, il y a dans certaines machines un levier disposé à la portée de l'ouvrier et qui arrête instantanément la marche des rouleaux, sans pour cela arrêter la machine ou le moteur. Certains systèmes peuvent même donner une marche arrière aux rouleaux, ce qui est peut-être une complication.

La figure 70 représente, vue en dessous, le plan du

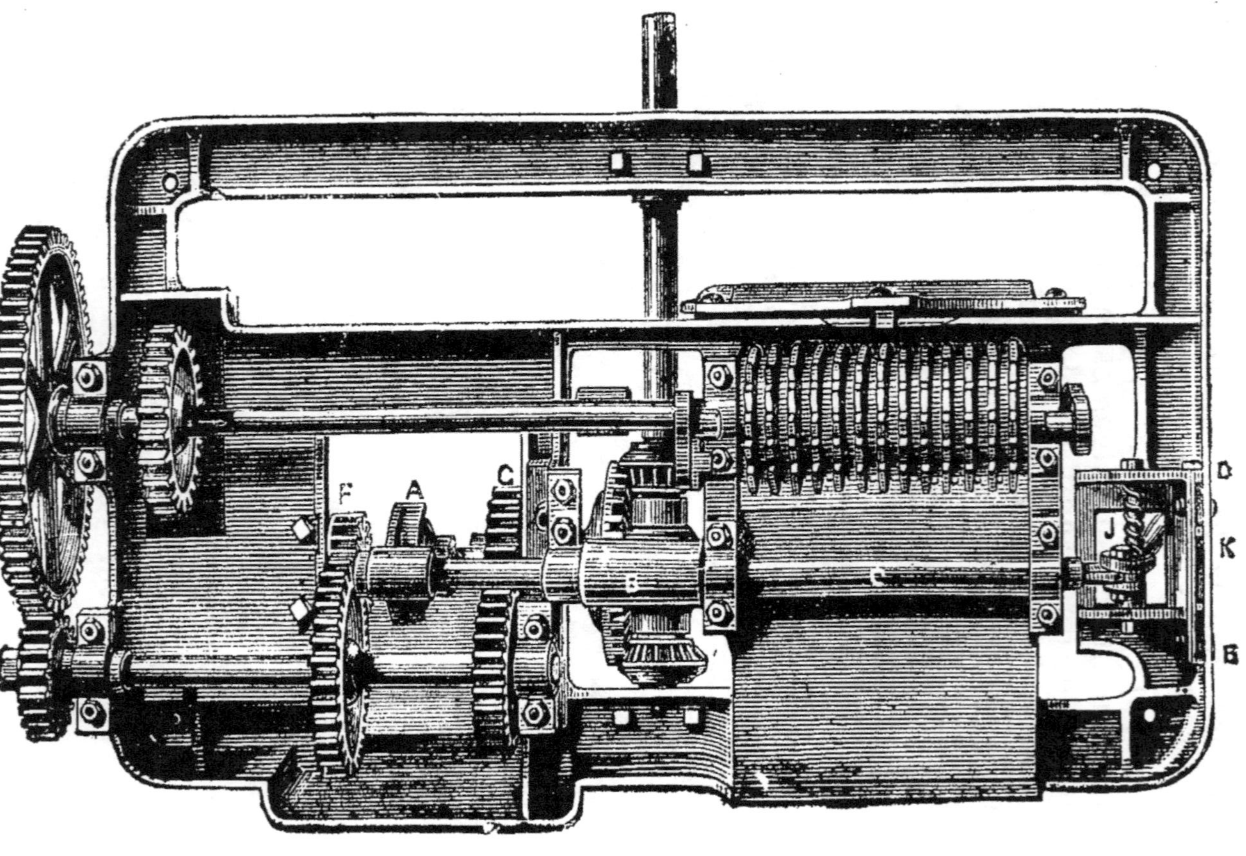

Fig. 70. — Plan (en dessous) de la machine figure 69.

grand hache-maïs de Th. Pilter. Le levier occupant la position K, il n'y a pas d'entraînement des rouleaux ; ceux-ci vont en avant lorsque le levier est en E, et en arrière lorsqu'il est en D. On voit en C l'arbre qui entraîne la chaîne sans fin, commandé par le pignon F. Le changement de rotation des rouleaux s'obtient en déplaçant le manchon B, qui fait engrener, ou non, la grande roue-cône avec l'un des pignons qui sont reliés à l'arbre du volant. Le mouvement de la roue-cône se communique aux laminoirs par la roue C ou par la roue A. Les roues A et C sont reliées ensemble par un manchon et coulissent sur leur arbre. Dans ce hache-maïs on remarque que le mouvement arrière des cylindres a lieu lorsque le levier est poussé en avant, de sorte que si les vêtements de l'ouvrier se prennent dans l'appareil d'alimentation, son bras vient à buter le levier, le pousse en avant et renverse ainsi automatiquement le mouvement des cylindres.

Le grand hache-maïs à élévateur à force centrifuge de M. Albaret est représenté figure 71. La trémie est à entraîneur automatique (chaîne sans fin).

Le fourrage haché tombe dans un tambour cylindrique où tournent des palettes fixées sur la jante du volant, en formant ainsi une sorte de ventilateur qui projette le maïs dans un conduit tangentiel oblique ; le conduit débouche dans une grange, sur un silo ou sur des tombereaux. L'ensemble est monté sur un chariot à quatre roues.

Certains hache-paille ont leurs couteaux enroulés en hélice sur un cylindre tournant en face d'une bouche d'alimentation : telles sont les machines de Passmore, de Molard, de Clyburn, de Lebrun, etc. Ce système ne s'est propagé que pour les hache-ajonc, que nous étudierons plus loin.

Fig. 71. — Grand hache-maïs à élévateur à force centrifuge d'Albaret.

Les hache-paille à bras sont quelquefois montés sur deux roulettes en avant, ce qui en rend le transport facile. S'ils sont fixes, les pieds en fer ou fonte des bâtis se boulonnent sur un châssis en charpente; enfin ils peuvent être locomobiles et montés sur un chariot (fig. 71).

Travail des hache-paille.

« Les essais dynamométriques exécutés sur les hache-paille primés au concours d'Oxford ont donné les résultats suivants :

HACHE-PAILLE		KILOGRAMMÈTRES DÉPENSÉS PAR KILOGRAMME DE PAILLE COUPÉE	TEMPS NÉCESSAIRE POUR COUPER 1000 KILOG. DE PAILLE	
			Minutes.	Secondes.
A vapeur.	1er prix............	367	41	18
	2e prix............	559	50	49
	3e prix	454	58	20
	Très recommandé.	786	70	32
	Recommandé	707	74	30
	Médaille spéciale.	595	49	20
A bras.	1er prix............	332	509	
	2e prix............	338	661	40
	Très recommandé.	387	601	31
	Très recommandé.	402	551	23

« La paille était coupée par bouts de 0m,0095 environ de longueur. La supériorité du premier prix du hache-paille à vapeur sur les autres appareils de sa section est véritablement remarquable, et montre bien l'importance d'une bonne construction et d'un ajustage soigné sur l'économie de force réalisée par les instruments.

« Le hache-paille à vapeur (médaille spéciale) est à grand débit et destiné à recevoir la paille sortant d'une machine à battre, à la couper et à la mettre en sacs aussi vite qu'elle est fournie par la batteuse. Le volant porte 5 couteaux et fait 270 tours par minute, de sorte qu'il se produit 1350 coupes dans le même temps. La paille coupée tombe sur un émotteur qui retient les ôtons et les brins de paille qui ont pu échapper aux couteaux en se mettant perpendiculairement à la direction suivie par la paille. Ces ôtons tombent au bout de l'émotteur et sont rejetés sur la paille pour repasser à la machine. La paille coupée qui traverse l'émotteur passe dans un crible très fin qui la sépare de la poussière, et tombe enfin au bas de l'élévateur, qui la porte dans les sacs destinés à la recevoir. » (HERVÉ-MANGON.)

Pour les hache-paille à bras il faut, en pratique, compter de 4 à 600 kilogrammètres par kilogramme de paille coupée à $0^m,01$ de longueur, à peu près moitié si les morceaux sont de longueur double, et ainsi de suite, ce qui donnerait :

```
Pour 0m,01............  400 à 600 kilogrammètres.
  —  0m,02...........   200 à 300        —
  —  0m,04............  100 à 150        —
  —  0m,08............   50 à  75        —
```

A bras, un homme débite environ 50 kilog. de paille à l'heure (longueur de coupe, $0^m,01$).

Les hache-maïs à vapeur, coupant par bouts de $0^m,04$ à $0^m,05$, débitent environ 1000 kilog. de maïs par heure et par cheval-vapeur : il y en a qui exigent jusqu'à 5 chevaux-vapeur.

IV. Broyeurs d'ajonc.

L'ajonc, qui vient dans les pays à sol pauvre, dans la basse Normandie, le Berry, la Sologne, les Ardennes, etc., est excessivement commun dans la Bretagne, où il est très employé comme fourrage. On ne récolte que les jeunes pousses, et, avant de les donner au bétail, on en émousse les piquants par un hachage, terminé par un pilage qui s'effectue avec des dames ou maillets que l'on manœuvre dans une auge en bois. Cette préparation à bras est lente, et ne peut se pratiquer sur une grande échelle : un homme ne peut préparer que 250 kilog. au maximum par jour; aussi rencontre-t-on des machines spéciales, surtout dans les fermes bretonnes.

L'ajonc peut se couper au hache-paille; il faut alors une trémie allant en se rétrécissant. Il faut le couper très court, puis faire passer le produit entre deux ou trois rouleaux lisses de 0^m,20 à 0^m,30 de diamètre, montés comme les aplatisseurs (voy. chapitre V), chargés d'émousser les pointes des piquants de l'ajonc. Tel était le coupe-ajonc de Bodin, qui se complète par un broyeur à cylindres cannelés. Dans le broyeur de Barrett, les rouleaux compresseurs sont montés sur le même bâti que le hache-ajonc cylindrique et au bas de celui-ci.

La figure 72 représente le broyeur de Garnier. L'ajonc est placé dans la trémie, qui, en plan horizontal, a la forme d'un trapèze dont la petite base est occupée par les rouleaux alimentaires. L'ajonc doit être présenté le pied le premier. Le hachoir est formé de trois couteaux contournés en hélice fixés sur un cylindre. L'arbre moteur commande les cylindres alimentaires par deux trains d'engrenages, de sorte que ces derniers vont très lentement, ce qui donne une coupe de quelques millimètres de longueur. Les cylindres alimentaires font office de broyeur; l'un

Fig. 72. — Broyeur d'ajonc de Garnier.

d'eux pourrait être mobile et à contrepoids, comme ceux des hache-paille. Le cylindre supérieur est cannelé, l'autre est lisse, quelquefois les deux sont cannelés. Enfin on peut augmenter la longueur de coupe sans changer le débit en supprimant une ou deux lames.

Dans le broyeur d'ajonc de Texier et fils, modèle 1886-1887 (fig. 73), les cylindres cannelés alimentaires

sont fixes; l'organe coupeur est identique à celui
décrit plus haut (Garnier), mais les brins, coupés à
une longueur de cinq millimètres, tombent dans un
broyeur, formé de deux cylindres dont la surface
est taillée de façon à présenter une série de pointes
quadrangulaires (dites à tête de diamant). L'un de
ces cylindres est mis en mouvement par une chaîne

Fig. 73. — Broyeur d'ajonc de Texier.

sans fin prise sur l'axe de l'organe coupeur; il commande l'autre par engrenages dans le rapport de
2 à 1; les cylindres tournent avec une différence de
vitesse en écrasant et en broyant les brins d'ajonc;
des peignes nettoient les cylindres. A bras, ce broyeur
peut travailler en pratique, par heure, sur 40 à
50 kilog. et atteindre même 60 kilog.; au manège,
on peut broyer 100 kilog. à l'heure.

Le détail particulier du broyeur de Savary (1883)

réside dans les engrenages de la transmission du mouvement de l'arbre du volant à celui des cylindres alimentaires : c'est l'application du système Champion, que nous avons décrit en parlant de la faucheuse de Rigault[1]. Cette disposition paraît excellente.

Les broyeurs à noix analogues aux moulins à café, comme ceux de Cassard et de Térole, ceux à battes et analogues aux batteurs à pointes des machines à battre en bout (voir page 51), comme ceux de Saint-Martin, ne sont plus guère employés.

1. Voir la 1re série, *les Machines agricoles*, page 124 et fig. 71.

CHAPITRE VII

PRÉPARATION DES RACINES DES TUBERCULES ET DES TOURTEAUX

Les racines, les tubercules et les tourteaux jouent un très grand rôle dans l'alimentation du bétail; aussi le matériel destiné à les préparer comprend-il un assez grand nombre de machines, que l'on rencontre aujourd'hui dans toute exploitation bien montée.

1º Les racines et les tubercules, tels qu'ils sont ramenés des champs, sont toujours recouverts de terre ou de boue; il est indispensable de les nettoyer : cette opération se fait à l'aide des *laveurs de racines*.

2º Les racines sont débitées en petits morceaux, afin de faciliter leur préhension. On les coupe en tranches ou en lanières au moyen de *coupe-racines*; souvent on les réduit en pulpe grossière à l'aide de *dépulpeurs*.

3º Les tourteaux de différentes graines oléagineuses rentrent de plus en plus, pour une certaine proportion, dans l'alimentation des vaches laitières, des bœufs à l'engrais et des porcs; ces tourteaux, fournis par les huileries sous forme de grandes plaques, sont concassés dans des *brise-tourteaux*.

4° Dans un grand nombre d'exploitations rurales, les aliments sont cuits, notamment les tubercules et les tourteaux, dans des *appareils à cuire*.

5° Enfin les pommes de terre, les topinambours, etc., cuits, sont broyés dans des *broyeurs de tubercules*.

I. Laveurs de racines.

Les racines et les tubercules que l'on destine à l'alimentation du bétail doivent être débarrassés de

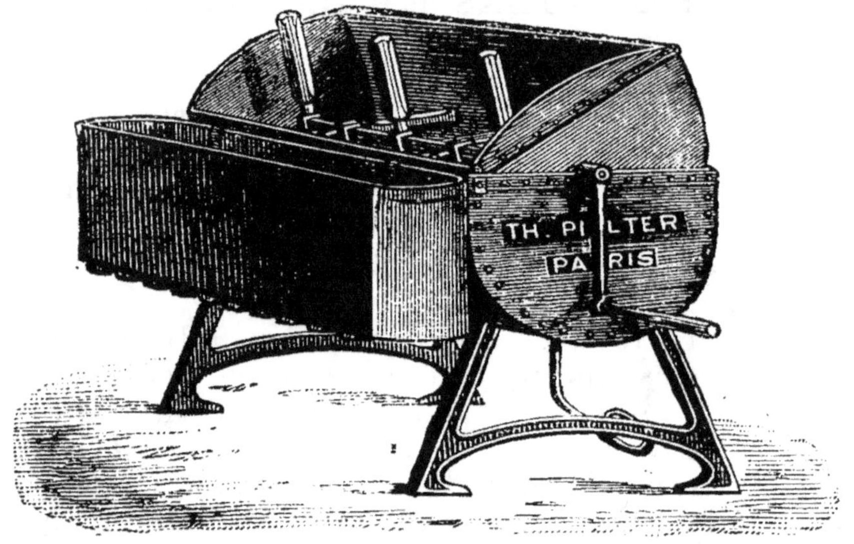

Fig. 74. — Laveur de racines de Beaurepaire.

la terre par un lavage préalable, afin de n'admettre dans les machines employées à diviser ces aliments que des produits parfaitement propres.

Dans les petites fermes on emploie avec avantage le laveur discontinu de Beaurepaire, représenté figure 74.

L'appareil se compose d'une caisse intérieure à

claire-voie et à bascule, renfermée dans une grande auge extérieure en tôle qui contient de l'eau, et contre laquelle est fixé un bac formant égouttoir. Dans la claire-voie est placé l'agitateur, se composant d'un arbre en fer mû par une manivelle ; sur l'arbre sont fixées à distance des traverses en bois formant agitateurs. Ces traverses sont mobiles sur l'arbre et peuvent être rapprochées ou écartées à volonté, suivant la grosseur des racines à nettoyer. Lorsque les racines sont propres, on bascule la caisse à claire-voie en la soulevant par une poignée qui se trouve en arrière et que l'on voit figurée dans le dessin.

Les laveurs continus se composent d'un cylindre à claire-voie tournant autour d'un arbre horizontal et baignant dans un bac en bois ou en tôle rempli d'eau. Les racines sont jetées dans une trémie et traversent le cylindre en se frottant les unes contre les autres. Arrivées à l'autre extrémité du cylindre, elles sont prises par une paroi en forme de portion de vis qui les soulève et les rejette hors de la machine. Les cylindres des laveurs sont en bois (chêne) (fig. 75) ou en fer rond, quelquefois en tôle perforée (grands laveurs des usines).

Les dépôts de terre qui se font dans le bac sont enlevés par un trou d'homme inférieur fermé par un tampon. Lorsque le laveur est très court, on est obligé d'introduire d'un seul coup une certaine quantité de racines, puis de le tourner à rebours pendant un certain temps ; lorsque les racines sont lavées, on tourne en sens contraire pour les faire ressortir par la vis : un seul homme suffit.

Il est préférable d'avoir un laveur très long tourné toujours dans le même sens par un homme ou un manège et d'employer un enfant à l'alimentation.

Le diamètre des laveurs est au moins de 0ᵐ,60 à 0ᵐ,70 ; la longueur du cylindre est de 1ᵐ,75 à 3 mètres ; la vitesse est de 18 à 20 tours.

Fig. 75. — Laveur de racines de Croskill.

On peut laver à eau courante ou à eau dormante.

Dans le premier cas, qui est le meilleur, pendant la marche on amène continuellement un filet d'eau propre qui évacue une quantité correspondante d'eau sale.

Dans le lavage à eau dormante, on ne change l'eau du bac que de temps en temps : aussi les dernières racines passées sont lavées dans l'eau sale.

Enfin, si l'on n'a pas d'eau à sa disposition, on peut employer avec succès le laveur à sec ou décrotteur d'Albaret, représenté figure 76.

Il se compose d'un tambour à claire-voie, de 2ᵐ,50

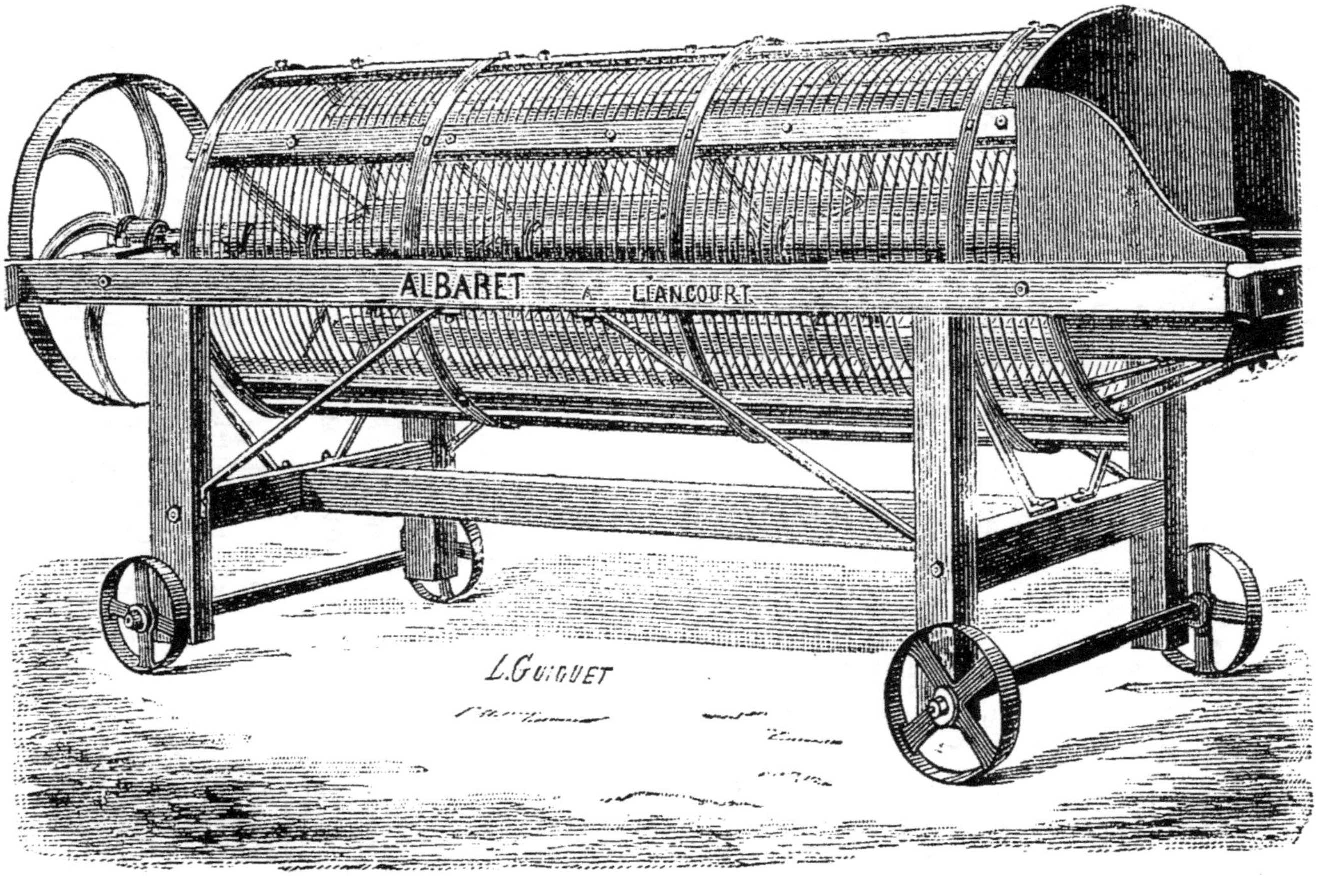

Fig. 76. — Décrotteur de racines, d'Albaret.

de long et de $0^m,70$ de diamètre, dont la surface cylindrique est formée de cercles parallèles en fil de fer de gros diamètre. Dans ce tambour sont disposées, en hélice, des chevilles en fer dont le but est de remuer les betteraves, de manière à détacher la terre qui s'y trouve adhérente. Des barres en fonte, portant de petites saillies en forme de pyramides triangulaires, sont placées dans le sens des génératrices et concourent au même but. Les betteraves, jetées dans une trémie à jours placée à une extrémité, traversent le cylindre mobile en se débarrassant de la terre, puis sortent à l'extrémité opposée, dans un état de propreté suffisante.

Les laveurs de racines sont quelquefois montés sur roues, afin d'en faciliter le déplacement. Les grandes machines sont à 4 roues (fig. 76), mais les autres ne doivent être qu'à 2 roues, comme les tarares (voy. fig. 75).

II. Coupe-racines.

On ne peut pas donner au bétail les racines et les tubercules en entier tels qu'on les retire du sol, on est obligé de les couper en morceaux plus ou moins volumineux.

Dans quelques petites fermes on se sert d'une planche inclinée se mouvant dans des glissières au-dessous d'une trémie, dans laquelle les racines sont jetées. La planche porte une lame à double tranchant placée dans une lumière oblique; elle est munie d'une poignée à l'aide de laquelle l'ouvrier l'anime d'un mouvement alternatif.

Lorsque la quantité des racines devient plus importante, on a recours aux coupe-racines mécaniques, qui ont l'avantage de débiter les racines en morceaux très minces; ces derniers, mélangés avec

Fig. 77. — Coupe-racines à plateau, d'Albaret.

du foin ou de la paille hachée, constituent une très bonne ration alimentaire, surtout lorsque le mélange a subi une légère fermentation alcoolique, qui d'ailleurs ne tarde pas à s'y développer.

Le plus simple des coupe-racines (fig. 77) se com-

pose d'un disque ou plateau vertical en fonte, monté
sur un arbre horizontal mis en mouvement par une

Fig. 78. — Coupe-racines à cône, d'Hidien.

manivelle. Le disque est percé, suivant la direction
de ses rayons (ou un peu obliquement à cette direc-

tion), d'ouvertures étroites à parois inclinées appelées lumières. C'est contre ces lumières que viennent s'appliquer les lames tranchantes maintenues par des boulons. En arrière se trouve une trémie dont le fond est incliné vers le disque qui en constitue la paroi verticale. Les formes de trémies sont variables ; on les construit en bois et en prismes triangulaires ; il est préférable de faire les trémies en fer ou en fonte percées de trous circulaires ou oblongs formant épierreurs.

Les racines sortant du laveur sont jetées dans la trémie, dans laquelle elles descendent par leur propre poids et viennent s'appuyer contre le plateau ; dans leur mouvement de rotation, les couteaux tranchent les racines sur une épaisseur égale à la saillie des lames sur la face interne du disque.

Quelques modèles de coupe-racines sont munis de *poussoirs*, c'est-à-dire d'organes qui appuient sur les racines et les pressent contre le disque (machine de Garin-Moroy).

Dans certaines machines, les couteaux sont fixés sur un cône suivant ses génératrices (fig. 78) ou sur un cylindre (fig. 79) ; ces disques occupent alors le fond de la trémie, qui affecte la forme d'un tronc de pyramide.

Lorsque l'on veut débiter les racines en larges copeaux, appelés *tranches*, que l'on donne ordinairement aux bêtes bovines, on se sert de lames (fig. 80) dont le tranchant est continu ; au contraire, pour débiter en rubans que l'on nomme *cossettes*, destinés aux moutons, on emploie des lames dentées (fig. 81) à tranchant interrompu formant une série de dents dont la longueur est égale à la largeur que l'on veut donner à la cossette. Les lames sont fixées sur le disque par 2 ou 3 boulons qui permettent de faire varier la quantité dont le tranchant fait saillie à l'intérieur, et

Fig. 79. — Coupe-racines à cylindre, d'Hidien.

de régler ainsi l'épaisseur que l'on veut donner aux morceaux débités. Dans les coupe-racines de Moody les lames sont ondulées et donnent de petites cossettes à section ovale.

Enfin on peut encore débiter les racines en petits prismes rectangulaires, portant le nom de *languettes*, qui sont obtenus avec les machines du type Gard-

Fig. 80. — Lame pour débiter les racines en tranches.

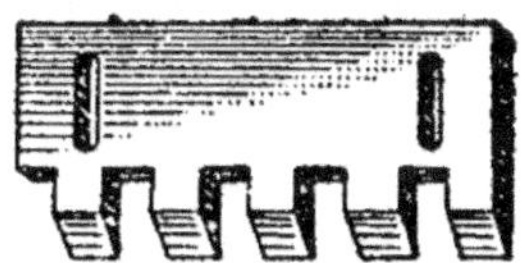

Fig. 81. — Lame pour débiter les racines en cossettes.

ner. Dans ces machines on emploie des lames retournées d'équerre et coupant dans 2 directions perpendiculaires entre elles ; ces lames sont disposées en retraite sur un cylindre. Lorsque le disque tourne, les lames coupent les racines en forme de prismes, qui passent par les lumières et tombent dans l'intérieur du cylindre, d'où ils sortent par l'une de ses extrémités.

On a aussi fixé ces lames sur un disque circulaire suivant une direction courbe, comme dans la machine de Hornsby représentée figure 82.

Pour débiter les racines en languettes, on peut encore se servir de lames à tranchant continu, droit ou courbe, et en avant duquel sont fixés de petits couteaux dont le tranchant est normal à celui de la grande lame ; ces petits couteaux découpent les tranches en lignes parallèles et les transforment en languettes.

Les tranches, cossettes ou languettes ont pour longueur la plus grande que l'on puisse obtenir dans la racine suivant sa position dans la trémie par rapport aux couteaux ; leur section est un rectangle dont les dimensions dépendent des animaux qui doivent les consommer.

Voici ces dimensions moyennes exprimées en millimètres :

Pour
{
Bœufs, vaches................ .... 40 × 15
Veaux................... . .. 30 × 15
Moutons......... .... 20 × 20
Agneaux..... .... 10 × 10
}

Fig. 82. — Coupe-racines à plateau de Hornsby.

Tous les coupe-racines doivent être aménagés pour que l'on puisse débiter les racines aux dimensions ci-dessus indiquées par une simple modification de couteaux. Dans la machine Hornsby, cela se fait en changeant le plateau porte-lames.

Fig. 83. — Coupe-racines à double effet de Pécard.

Pour éviter ces changements, on a construit des coupe-racines à *double effet*. La vue d'ensemble figure 83 représente une machine à disque plan. Elle est formée de 2 disques parallèles montés sur le même arbre; une trémie, divisée en 2 parties par une plaque mobile à charnières, permet d'envoyer les racines contre l'un ou contre l'autre disque : d'un côté elles sont coupées en tranches ou en cossettes, et de l'autre en languettes; quelquefois l'un des plateaux forme dépulpeur. Il y a également des coupe-racines cylindriques à double effet; ils reposent sur le même principe.

Pour éviter que les racines s'éparpillent en tombant autour de la machine, on recouvre le disque d'une garde en tôle ou en fonte.

Dans les grandes exploitations, le coupe-racines porte une poulie (fig. 77, 79) et marche au moteur (manège, machine à vapeur, etc.). Dans les usines telles que les distilleries et sucreries, on emploie des coupe-racines à grand travail; ceux-ci sont souvent à disque plan, montés sur un arbre vertical et formant le fond d'une trémie cylindrique; nous ne nous en occuperons pas ici.

Les petits coupe-racines sont montés sur colonnes en fonte d'une façon analogue aux petits hache-paille (fig. 66, page 128). Les machines ordinaires sont montées sur 4 pieds en bois, afin que l'arbre soit à 0m,80 du sol.

Les coupe-racines sont souvent munis de poignées (fig. 83) qui en facilitent le transport. Quelques-uns sont montés sur brouettes.

TRAVAIL DES COUPE-RACINES.

Le tableau suivant donne, sur le travail des coupe-racines, quelques renseignements pratiques déduits de nos recherches sur ces machines.

Mus par un manœuvre, les coupe-racines font de 25 à 35 tours par minute.

Les grands coupe-racines des distilleries et sucreries exigent un cheval-vapeur pour un travail de 3000 kilog. de betteraves à l'heure.

	COUPE-RACINES A DISQUE COUPEUR		
	PLAN CIRCULAIRE	CONIQUE	CYLINDRIQUE
Diamètre du disque coupeur.	0,65	0,60 — 0,10	0,30
Longueur des lames........	0,25	0,30	0,25
Nombre des lames..	4	6	2
Poids de racines coupées en 100 tours. { Tranches.	25^{k}32	40 — 50^k	
Cossettes.	12 15	18 — 24	

III. Dépulpeurs.

Nous aurions pu réunir l'étude des dépulpeurs avec celle des coupe-racines, car ces deux catégories de machines présentent beaucoup d'analogie.

En général, les dépulpeurs, qui se rapprochent des râpes, sont peu employés; on préfère se servir des coupe-racines et débiter en cossettes très minces.

Comme structure générale, les dépulpeurs sont analogues aux coupe-racines : pour le disque, plan circulaire, conique ou cylindrique; pour la trémie, pour le bâti, etc., nous renvoyons le lecteur au paragraphe précédent.

Les dépulpeurs ne diffèrent que par leur façon de travailler; au lieu de *couper*, ils *arrachent* et débitent les racines et les tubercules en petits fragments de formes irrégulières et plus ou moins volumineux.

L'organe actif est quelquefois une lame à cossette (fig. 81), mais placée dans une direction presque perpendiculaire à celle de la surface du disque : ce sont des *gratteurs*.

En général on emploie des pointes triangulaires,

Fig. 84. — Dépulpeur à disque, de Hornsby (vue arrière).

en forme de bédanes, implantées sur le disque et maintenues par une vis de pression ou par 1 ou 2 coins en bois.

Dans le dépulpeur de Hornsby (fig. 84), les pointes sont fixées sur un disque plan. En arrière, un excentrique calé sur l'arbre moteur commande une sorte de peigne qui, dans son mouvement rectiligne alternatif, passe entre les dents du disque et les débarrasse de la pulpe, qui tombe à la partie inférieure. La forme de la trémie de cette machine est excellente.

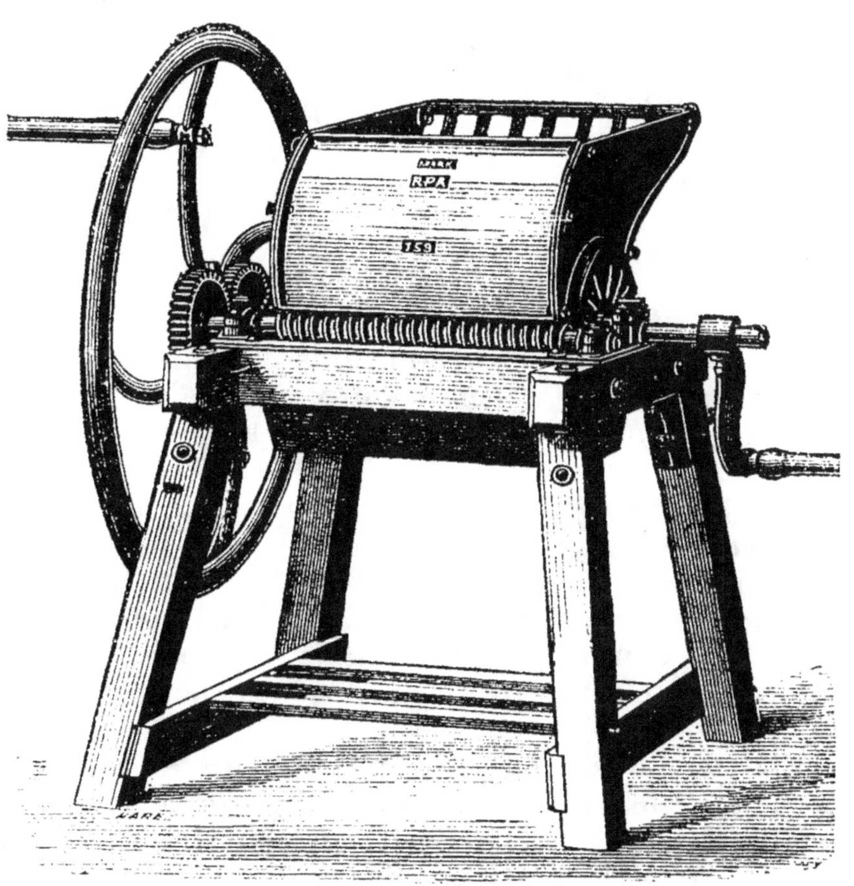

Fig. 85. — Dépulpeur à cylindre de Bentall.

Dans le dépulpeur Bentall (fig. 85), les pointes ou dents sont fixées sur un cylindre qui occupe le fond de la trémie. Après leur travail, ces dents passent entre les spires d'une hélice (qui est mise en mouvement par engrenages) et se nettoient de cette façon.

Dans certains coupe-racines à double effet, une des parties, comme nous l'avons vu, est montée en dépulpeur ; ceci s'applique surtout aux machines à disques circulaires.

Les dépulpeurs à bras, mus par un homme, dépulpent de 200 à 400 kilog. de racines à l'heure.

IV. Brise-tourteaux.

Les brise-tourteaux sont des machines, d'invention relativement récente, employées pour réduire et concasser en petits morceaux les tourteaux qui proviennent des huileries.

Les tourteaux se présentent sous la forme générale de prismes rectangulaires minces, forme qui leur est donnée par la presse.

Les tourteaux sont employés à la nourriture du bétail ou comme engrais. Dans les deux cas, il faut les broyer, c'est-à-dire les réduire en petits fragments ou en poudre.

Les broyeurs actuels reposent tous sur le même principe : les tourteaux sont pris entre 2 cylindres garnis de dents, ou formés de disques étoilés enfilés sur un arbre carré ; ces disques sont alors faciles à remplacer lorsqu'une dent est cassée. On n'emploie plus les broyeurs à contre-plaque analogues à ceux décrits pour les graines au chapitre V (page 101).

Un des cylindres est commandé par engrenages et communique au second cylindre une vitesse égale à la sienne. Ce second cylindre peut s'écarter ou se rapprocher à volonté du premier, afin de faire varier

la grosseur des morceaux. La trémie a une section
rectangulaire.

Dans les grands modèles de brise-tourteaux il y a

Fig. 86. — Grand brise-tourteaux à quatre cylindres
de Wood et Cocksedge.

4 cylindres : la 1ʳᵉ paire est garnie de fortes dents ;
elle concasse grossièrement, et son produit tombe
entre les 2 autres cylindres inférieurs à denture fine.

Les cylindres peuvent se rapprocher au moyen de
boulons ou mieux avec une petite poignée, comman-

dant un excentrique relié aux coussinets du cylindre
mobile.

Fig. 87. — Brise-tourteaux à quatre cylindres, d'Albaret.

Les produits tombent sur un plan incliné en grillage de fil de fer ou en tôle perforée, chargé de faire
un classement élémentaire.

La figure 86 représente un brise-tourteaux à deux
hommes ou à manège; il est à 4 cylindres, comme le

grand brise-tourteaux d'Albaret, dont la vue d'ensemble est donnée figure 87; dans cette dernière machine, les engrenages sont recouverts par deux gardes en fonte qui les mettent à l'abri des poussières et contribuent à les tenir en bon état de propreté.

Le broyage d'un kilogramme de tourteaux exige dans les broyeurs à bras environ 40 kilogrammètres; dans les broyeurs à vapeur, il faut 120 à 160 kilogrammètres par kilogramme de tourteaux; lorsque les tourteaux sont épais, ce chiffre peut s'élever jusqu'à 220 kilogrammètres.

A bras, les brise-tourteaux peuvent broyer de 100 à 200 kilog. à l'heure; le rendement s'élève à 400 et 500 kilog. lorsqu'ils sont mus par un manège. Les grands broyeurs à vapeur traitent 1000 et 2000 kilog. de tourteaux à l'heure.

V. Appareils à cuire.

Tout le monde comprend la nécessité de cuire les aliments pour le bétail et notamment pour les porcs.

La pratique la plus élémentaire consiste à mettre les racines ou les tubercules dans un chaudron placé sur le feu.

On installe dans l'annexe des porcheries des appareils spéciaux; ceux-ci sont chauffés à feu nu ou à la vapeur.

Les anciens appareils à *feu nu* étaient installés dans des massifs de maçonnerie; on les fait aujourd'hui en fonte montés sur un solide trépied (Chappée, Bodin, Pécard, etc.). Le foyer en fonte est disposé à retour de flamme, de façon à économiser le combustible (fig. 88).

Dans certains modèles on peut fermer la chaudière

avec un couvercle plat ou avec une hausse et une
cloche. Dans ce cas, l'eau ne remplit que la chaudière, et la vapeur produite par l'ébullition cuit les
aliments contenus dans la cloche et la hausse (fig. 88).

Fig. 88. — Chaudière à cuire les aliments.

Les appareils montés sur trépied présentent des
difficultés pour la vidange après la cuisson. On préfère employer ceux à bascule.

L'appareil à cuire à bascule de Beaume (fig. 89) se
compose d'un foyer en cuivre avec un bouilleur. Le
foyer est tout entouré d'eau; au-dessus se place une
claie en bois ou en fer, formant diaphragme, sur
laquelle se chargent les matières à cuire. Lorsque la

cuisson est terminée, il suffit d'enlever l'eau par un robinet inférieur, de retirer un verrou et de faire basculer la chaudière, qui déverse le contenu dans des

Fig. 89. — Chaudière à cuire, à bascule, de Beaume.

coffres en bois posés sur une brouette, ou dans une brouette spéciale que l'on va déverser aux mangeoires. Ces appareils cubent de 1 à 4 hectolitres. — Ils peuvent également servir à faire la lessive.

Dans les appareils à cuivre à vapeur (fig. 90), les aliments sont placés dans une marmite en fer galvanisé,

Fig. 90. — Appareil à cuire les aliments à la vapeur, de Pilter (Barford et Perkins).

quelquefois dans un tonneau en bois. Les marmites
sont de deux sortes : fixes et basculantes. La vapeur
arrive par la partie inférieure au-dessous d'une claie

Fig. 91. — Appareil à cuire à la vapeur, d'Albaret.

qui supporte les aliments à cuire. Les marmites
basculantes, qui sont préférables par la raison que
nous avons développée plus haut, sont montées sur
des pieds en fonte (fig. 90) ou en bois.

Dans les petits appareils, la vapeur est fournie par un générateur placé à côté.

Dans l'appareil Stanley (fig. 90), la chaudière est verticale; elle a une soupape de sûreté, un niveau d'eau et une petite pompe d'alimentation que l'on aperçoit à sa droite.

Dans l'appareil de Beaume, le générateur est horizontal à retour de flamme.

Les marmites basculantes cubent jusqu'à 4 et 5 hectolitres et demi.

Dans les appareils à feu nu et même dans ceux à vapeur, la cuisson n'est pas uniforme : les aliments sont plus cuits dans le bas, du côté de l'arrivée de la vapeur, que dans la partie opposée. C'est pour obvier à cet inconvénient que M. Albaret a construit l'appareil à cuire représenté figure 91.

Cet appareil est composé d'un tonneau en forte tôle qu'un autoclave ferme hermétiquement lorsque les matières y ont été introduites. La vapeur de la chaudière arrive par le pivot de gauche. Le cylindre tourne très lentement au moyen d'une vis sans fin mise en mouvement par la transmission de la machine à vapeur. Tous les légumes ou grains cuisent en fort peu de temps et d'une manière très uniforme. A la fin de la cuisson, la vapeur du tonneau s'échappe dans l'air par un robinet; on ouvre ensuite l'autoclave, et, en faisant tourner le tonneau, les aliments cuits tombent d'eux-mêmes dans un bac.

VI. Broyeurs de tubercules.

Les tubercules (pommes de terre et topinambours) qui servent à l'alimentation et à l'engraissement du bétail, et en particulier des porcs, sont cuits dans les appareils décrits précédemment.

Après la cuisson, il faut les piler ou les broyer, de façon à les réduire en bouillie. Cette opération peut

Fig. 92. — Broyeur de tubercules de Pécard.

également s'appliquer aux carottes, turneps, bette-raves, etc.

Lorsque la quantité de tubercules à broyer est assez grande, on peut utiliser des machines pour ce

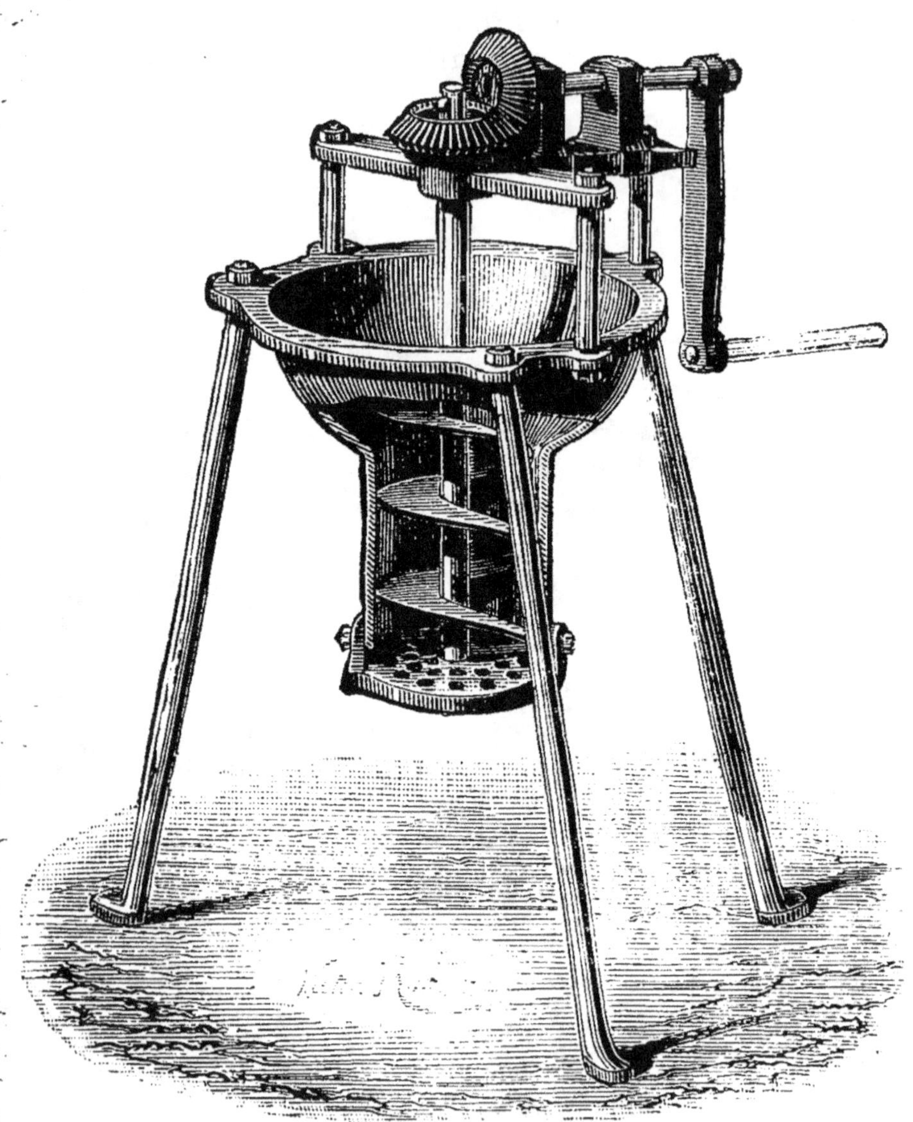

Fig. 93. — Broyeur de tubercules, à hélice, de Maréchaux.

travail et avoir recours soit aux broyeurs de tourteaux (voir page 161) dont on aménage la trémie d'alimentation, soit à des broyeurs spéciaux.

Le broyeur Pécard, représenté figure 92, est formé d'un cylindre armé de dents courbes, lesquelles passent dans une grille formant le fond de la trémie. Les racines sont triturées entre ces dents et les barreaux de la grille ; les produits tombent sur un plan incliné. Le cylindre, ainsi que le montre la figure 92, est mis en mouvement par une manivelle C et un engrenage A ; la figure 94 donne le détail du cylindre denté D.

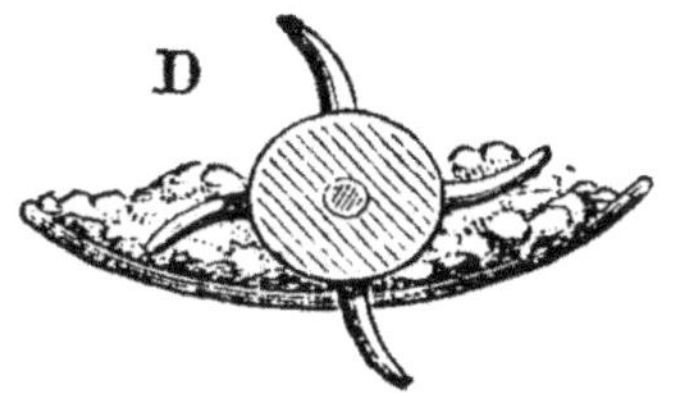

Fig. 94. — Détail du cylindre broyeur.

La figure 93 représente le broyeur Maréchaux-Pilter : une manivelle commande, par engrenages-cônes, un arbre vertical, lequel porte les spires d'une vis que laisse voir la coupe du dessin. Les tubercules, déversés dans la trémie hémisphérique supérieure, sont entraînés par la vis qui les presse contre le fond perforé, à travers lequel ils sortent en pulpe.

Ces instruments, aussi simples qu'excellents, sont indispensables dans toute porcherie bien montée.

FIN

TABLE DES MATIÈRES

CHAPITRE PREMIER

Manèges 1

I. *Manèges circulaires* 2

    Travail des manèges 14

II. *Manèges à plan incliné* 15

    Travail des manèges à plan incliné 18

CHAPITRE II

Locomobiles 20

I. *Chaudières* 22

II. *Machines* 35

    Travail des locomobiles 46

CHAPITRE III

Égrenage des céréales et du maïs 48

I. *Batteuses* 51

    1° Batteuses en bout 51

    2° Batteuses en travers 53

Secoueurs 54

    A. Batteuses simples à bras et à manège 57

B. Batteuses composées...................... 57
C. Batteuses à grand travail............... 59
D. Loco-batteuses........................... 62
Travail des batteuses........................ 64
II. *Batteuses à petites graines*.............. 65
III. *Égreneuses de maïs*..................... 67
IV. *Engreneuses mécaniques*................. 70
V. *Élévateurs de paille*.................... 71
VI. *Ébarbeurs d'orge*...................... 72

CHAPITRE IV

Nettoyage des grains.......................... 74

I. *Tarares*............................... 75
Travail des tarares....................... 80
II. *Épierreurs*............................ 81
III. *Trieurs*.............................. 82
1° Cribleurs............................ 83
A. Cribleurs fixes................... 83
B. Cribleurs à mouvements alternatifs....... 84
C. Cribleurs à mouvement rotatif.......... 86
2° Trieurs alvéolaires.................. 88
Trieurs spéciaux...................... 93

CHAPITRE V

Préparation des grains...................... 94

I. *Aplatisseurs*.............................. 95
II. *Concasseurs*............................. 97
1° Concasseurs à cylindres............... 98
2° Concasseurs à contre-plaque............ 101
3° Concasseurs à plateaux............... 103
Travail des concasseurs................. 105
III. *Moulins à farine*...................... 106
Travail des moulins.................. 115

CHAPITRE VI

Préparation des fourrages. 117

I. *Botteleuses*. 117
II. *Presses à fourrages*. 119
    1° Presses comprimant la balle d'un seul coup. 120
    2° Presses comprimant la balle par couches. . . 122
III. *Hache-paille* 127
   Travail des hache-paille. 138
IV. *Broyeurs d'ajonc*. 140

CHAPITRE VII

**Préparation des racines, des tubercules et des tour-
teaux** 144

I. *Laveurs de racines*. 145
II. *Coupe-racines*. 149
   Travail des coupe-racines. 157
III. *Dépulpeurs* 158
IV. *Brise-tourteaux* 161
V. *Appareils à cuire*. 164
VI. *Broyeurs de tubercules*. 169

Coulommiers. — Imp. P. BRODARD et GALLOIS.

9 782329 809694